学术研究专著·物理学

SHENGJING WANGLUO DE DONGLIXUE

神经网络的动力学

王圣军　著

西北工业大学出版社

西　安

【内容简介】 本书介绍使用模型开展的神经活动动力学原理的一些研究。全书共四章，包括神经活动的动力学与网络结构、神经网络的同步、神经网络中的自组织临界态和神经网络的吸引子模型。

本书适合非线性科学、复杂网络科学和神经网络动力学等方面的科技工作者阅读。

图书在版编目(CIP)数据

神经网络的动力学/王圣军著．—西安：西北工业大学出版社，2017.10

ISBN 978-7-5612-5498-1

Ⅰ.①神… Ⅱ.①王… Ⅲ.①神经网络—动力学 Ⅳ.①Q811.1

中国版本图书馆 CIP 数据核字(2017)第 274991 号

策划编辑： 雷　军
责任编辑： 孙　倩

出版发行： 西北工业大学出版社
通信地址： 西安市友谊西路 127 号　　邮编：710072
电　　话： (029)88493844　88491757
网　　址： www.nwpup.com
印 刷 者： 陕西向阳印务有限公司
开　　本： 727 mm×960 mm　　1/16
印　　张： 8.5
字　　数： 158 千字
版　　次： 2017 年 10 月第 1 版　　2017 年 10 月第 1 次印刷
定　　价： 32.00 元

前　言

使用动力学模型研究神经活动的原理已经有一段很长的历史。这一领域吸引了多个学科研究者的注意，包括了生物、数学、物理、计算机等领域。目前已经有多种类型的神经网络动力学模型。在已经存在的大量研究中，研究者对于神经活动的动力学单元采取了不同程度的近似。有的研究采用比较真实的神经元动力学模型构造网络，有的研究采用极端简化的神经元模型，但它们只能反映最基础的动力学行为，忽略了各种动力学的细节。这种近似方法可以利用较小的计算量，研究较大尺度的神经网络的活动，从而得到集体活动的一些原理，所以利用简化模型进行模拟是神经动力学的基本做法。在网络结构方面，最初的研究使用全连接结构或者随机结构。随着网络科学的发展，更加复杂的连接结构被引入到神经动力学的研究中。动力学单元之间的连接结构往往对动力学产生重要的影响。本书将介绍一些复杂网络上的神经网络动力学的研究成果。

本书内容共有四章。第 1 章介绍一些复杂网络的概念和基本的复杂网络模型。这里的介绍只包含后续计算机模拟研究中必要的概念，而不是详细地介绍神经科学的内容。这里不详尽地介绍复杂网络科学的研究进展，只介绍与神经网络动力学关系密切的一些内容，其中包括笔者的研究成果，主要是关于度关联网络的研究。本书的其他部分将使用这一部分介绍的内容。第 2 章介绍一些关于神经网络的同步的研究，包括两层神经网络的同步，以及网络的拓扑结构对于同步的影响，神经元之间突触耦合效能对于同步的影响。第 3 章介绍神经网络中的自组织临界态。自组织临界态在自然界的复杂系统中的存在是比较广泛的，这里简要介绍自组织临界态在物理学中的含义和基本的模型，包括自组织临界态在神经系统中出现的一些证据，神经网络动力学模型中自组织临界态的鲁棒性如何依赖于网络的模块化结构，并且揭示结构效应的机制。第 4 章介绍复杂网络上吸引子神经网络的动力学，包括度关联无标度吸引子网络对刺激的响应，在吸引子网络模型中研究复杂网络稀疏特征的功能意义，相似吸引子对于吸引子稳定性的影响。

由于水平有限，书中难免存在不妥之处，恳请读者批评指正。

著　者

2017 年 8 月

目　　录

第1章 神经活动的动力学与网络结构

1.1 神经活动研究的动力学观点

在过去的半个世纪中，通过构造动力学模型来描述和研究神经系统和脑功能已经有了一段成功的历史[1-6]。例如，神经节律活动的一些特征已经通过模型研究得到了解释[6]。在过去的20年中，基于生理实验的发现，许多令人感兴趣的学习和记忆的模型也已经被提出来了。现在甚至还有一些描述意识的动力学模型。这些模型的构造或这些研究结果的获得通常基于非线性动力学（包括混沌动力学）的传统范例和方法。作为一个正在兴起的新领域，神经系统的动力学研究的目的是寻找神经活动中的动力学原理和发展非线性动力学的新范例。这方面的一个重要的综述[6]如下：

神经系统中的动力学研究包含两个方面的含义。①对于已经建立的生物神经系统的数学模型，往往需要利用非线性动力学的方法和理论进行深入的研究。②大脑的一些功能，如神经计算与神经信息处理，可以被看作是一种动力学过程，所以可以根据动力学系统的概念来构造描述这种功能的模型。这两层含义分别对应着神经活动的理论研究中的自下而上和自上而下两种建模思路。

思路一，自下而上的动力学模型研究的第一步是建立单个神经元和它们的突触连接的数学描述[6]，即首先根据具体的实验数据构造神经元和突触的数学模型（这些模型描述本质上是简化的）。在此基础上，根据解剖和生理数据，重构一个神经回路中的特定连接斑图和突触作用的强度、极性（兴奋性或抑制性）。有了这个连接斑图以及神经元和突触的动力学特征，自下而上的模型能够预言神经回路的功能特性和它们在动物的行为中所起的作用。

神经活动明显无穷多的差异性使它的动力学描述看起来是一个没有希望的甚至是没有意义的任务。然而经典动力学理论中积累起来的知识在这个情况下可以发挥作用。尤其是，由Andronov在1931年提出的观点。这个观点关注动力学模型的结构稳定性和分叉研究[7]。其基本的观点可以追溯到Poincare，在他的著作《科学的价值》[8]（1905年）中，Poincare写道“我们对于数学物理的方程要做的主要事情是去研究在它们里面什么可以改变并且将被改变”。Andronov理解动力系统的方法包含三个要点：

(1)只有那些不随着参数的微小变化而改变其活动的特征的模型可以被认为是真正适合描述实验的模型。他把它们称为结构稳定的模型或动力学系统。

(2)为了获得对于一个系统的动力学的深入认识，有必要辨别它在所有可能的初始条件下的主要活动类型。在这个任务中相空间(状态空间)分析方法是一个重要的方法。

(3)把系统的相空间行为考虑成一个整体，给动力系统引入拓扑等价的概念。这有助于理解一个系统的动力学在控制参数被改变的时候发生的局域的和全局的变化，即分叉。

这样一种划分相空间区域的方法是一种能够用于构造神经系统的潜在稳定活动的完整图像的方法，从而可以应用到对生物神经网络的复杂活动的分析中，至少对于小的自治的神经系统是可以的[6]。这种方法能够被应用于神经活动研究的很重要的一个原因：神经动力学系统是强耗散的。在神经系统中，来自生化反应的能量被用于驱动神经活动，而在产生和传播动作电位的过程中会损失大量的能量。在一个耗散系统的相空间中，几乎所有的轨道都被吸引到叫作吸引子的轨道或轨道集合上。它们可以是固定点(对应于静态活动)、极限环(周期活动)、或奇怪吸引子(混沌动力学)。具有吸引子的动力学系统通常是结构稳定的(严格地说一个奇怪吸引子自身是结构不稳定的，但是它在系统相空间中的出现是结构稳定的现象)。对于 Andronov 的方法来说，这是很重要的一点。

神经模型中和实验中的分叉研究是理解单神经元和神经环路中许多涉及神经信息处理和行为组织现象的动力学起源的基础。在实验研究和模型研究中，已经观察到了许多种分叉，尤其在基于细胞膜上离子通道电导的 Hodgkin-Huxley 类型方程[9](它是神经元模型的范例和建立神经元模型的传统框架)和网络稳定性与可塑性的分析中。

自下到上的模型研究已经获得了神经科学中基于经典动力系统理论的一些最引人注目的结果。这些结果来自对单个神经元或单个突触的动力学多样性的描述[10,11]，具有不同连接类型的一小组神经元的时空协同动力学[12,13]，以及具有动态突触的网络中的同步的原理[14-16]。

神经系统以一种非常不同于经典非线性动力学理论的方法利用一些现象，如同步、竞争(competition)、中断(intermittency)和共振。例如：神经系统中一个模块或小环路通常不是自治的。这意味着当我们处理神经系统的时候，必须考虑刺激依赖的同步、刺激依赖的竞争等等。由于神经系统中特殊的条件以及神经连接结构的多样性和神经动力学的多样性，因而对于支配神经系统活动的原理往往需要不同于经典非线性系统的动力学理论的新认识。

思路二，自上而下的动力学模型研究开始于对动物行为中鲁棒性的、可重复的并且对于生存来说十分重要的那些神经活动进行的分析。

在现有的关于大脑的知识状态下，不可能像在研究物理系统，如电路等，做的那样，对脑功能使用严格的数学分析。然而，可以根据已有的关于神经系统的知识来构造感兴趣的现象的数学模型，并且使用这些信息来熟悉和约束这个模型。事实上，现有知识允许我们做出很多假设并且把它们写成数学的形式。

在一些自上而下的模型中已经尝试了使用一些经典非线性动力学方法来理解和描述与认知功能有关的神经活动。几乎半个世纪以前，Ashby 假设认知可以在模型中被描述为动力学过程(1960 年)[1]。此后，神经科学家已经花费了相当多的努力在实践中执行这个动力学方法。被研究的最多的动力学模型的观点是神经信息的处理是一个相空间流。

神经系统中的计算和信息处理是一个动力学过程的想法在今天已经被广为接受。关于这个观点的简明综述[17]：这个观点可以通过与数字计算机的比拟来说明。一个数字机器可以通过编程来比较一个图像与一个人的三维表现，于是可以通过一个计算解决识别一个朋友这样的问题。相似地，如何驱动一个机器人的马达做一个想要的动作也是一个可以在计算机上解决的经典力学问题。虽然我们可能不知道如何写出这些任务的高效算法，但是这些例子的确已经说明了神经系统做的事可能被描述成计算。

具体地，可以进行如下对比。有 N 个寄存器的电脑，每个寄存器保存一个二进制比特。在一个特定时刻，这个机器的逻辑状态由这 N 个比特构成的矢量表示，例如 01010101。这个状态在每个时钟周期改变一次(控制机器状态变化的转变图在机器的设计中已经被固定)。于是这个计算机可以被描述成一个动力学系统，它在离散的时间上改变它离散的状态，通过沿着相空间路径运动而执行计算。这台机器的使用者不控制动力学，它由状态转变图决定。用户的程序、数据和一个标准初始化步骤规定机器的初态。在一次计算中，当这个离散系统达到一个稳定点时，解就被找到了。状态比特的一个特定子集将表达想要的解。相似的计算也可以被连续时间和连续变量所描述。计算被一个从初态运动到终态的动力学系统所执行，这个想法在离散和连续这两种情况下是相同的。在连续情况下，状态空间中可能的运动构成一个流场，计算被沿着流的从起点到终点的运动所描述(真实的数字机器只包含模拟成分，数字描述只是一个包含了连续动力学本质，但变量更少的表示)。

被研究的最广泛的认知类型动力学模型的例子是多吸引子网络描述的联想记忆模型。它基于能量函数的概念和具有多吸引子的动力学系统的李雅浦诺夫函数的概念(1982 年)[22-25]。这种网络中的动力学过程常常被叫作用吸引子计算(computation with attractor)。这个模型的想法：在学习阶段，在网络的相空间中，设计一组吸引子，每个对应于一个特定的输出。使用吸引子进行神经计算意味着给定的输入刺激转变到一个吸引子。输入刺激是使用吸引子的吸引域中的一个状态作为初态。转变的结果是给出一个想要的固定的输出。

最近几年发表了许多种处理神经信息编码与解码的模型,其中既有自上而下的模型也有自下而上的模型。然而,在关于学习与记忆的实际生物过程的知识中仍存在巨大的空白,精确地建模仍是一个遥远的目标。这方面的综述[22,23]如下:

这类自上而下的模型在有关计算机信息处理的工程领域中引起了巨大研究热情。在神经生物的研究中,它的价值在于:通过比较模拟和实验结果,帮助理解生物的神经系统是如何工作的。

1.2 神经基本活动的电学描述

为了便于理解神经系统的动力学描述,本节将介绍神经系统的基本构造单元以及神经电生理活动的一些基本规律。

神经元是神经系统的基本组成单元,它的数量极其庞大。人的大脑皮层中有大约 1 000 亿个神经元。每个神经元平均与其他 1 万个神经元相联系。神经系统中存在着多种多样的神经元,已知的神经元有 100 多种。神经元的具体形态和尺寸相差很大。但是,它们的基本形态是相同的。神经元一般由胞体、树突和轴突构成,如图 1.1 所示。

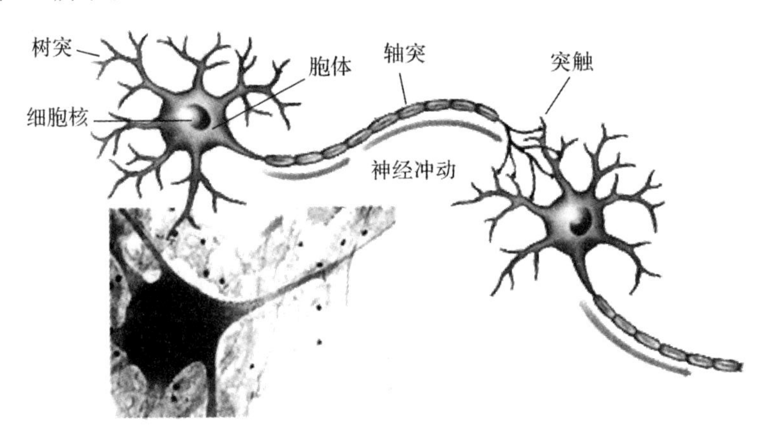

图 1.1 神经元结构示意图

树突多呈树状分支,它可接受刺激并将冲动传向胞体;轴突呈细索状,末端常有分支,称轴突终末,轴突将冲动从胞体传向终末。另外,还有一个重要的结构——突触。它是轴突末梢与其他神经元树突或胞体的连接,是实现神经元相互耦合的关键结构。

图 1.1 中用箭头指出了神经冲动的传递方向。粗略地说,神经元的胞体和树

突接收来自其他神经元的神经冲动或信号，导致神经元兴奋。当兴奋程度大于某一阈值时，便产生一个神经冲动或信号。神经冲动沿轴突快速传播，并通过突触传递给其他神经元。

用来描述神经元的物理量是所谓的膜电位。神经元或神经细胞用它的细胞膜将细胞内浆液与细胞外液隔开。细胞膜的内外都是电解质，含有丰富的离子。神经元的细胞膜对于特定的离子是具有选择通透性的，不是所有离子都能任意地穿过细胞膜进入或移出神经元。在生物的新陈代谢作用下，神经元内外的离子的成分不相同，造成细胞膜内外存在电势差。所谓的膜电位，就是细胞膜内的电位与细胞膜外电位的差值。

神经系统的新陈代谢过程把一些较大的、不能通过细胞膜的阴离子注入到细胞内浆液中。这种生物过程使得神经元在平衡状态下，即不接受任何刺激的静息(resting)状态下，细胞内的电位低于细胞外电位。静息膜电位一般是－65mV。

细胞膜对离子的选择通透性使神经纤维成为一个导电通道，即可以简单得把神经纤维比喻成带着绝缘层的导线。但是，神经纤维直径很小、内部载流子密度低又加上细胞膜仅仅是相对绝缘，使得神经纤维的导电性很差，电位沿着神经纤维是指数衰减的。这种传导方式只能传导局部电位信号。神经系统中除了局部电位以外还有另外一种信号，就是构成神经冲动的动作电位。

动作电位是沿轴突运行而不衰减的短暂活动。它是全或无的，意思是它的振幅沿轴突保持相对恒定，在不同类型的神经纤维中动作电位的振幅变化是不大的。在各种动物中，动作电位都是基本一致的，而且产生与传播机制也基本相同。只是传播速度会随着纤维而变：在粗的纤维中传导速度更大。动作电位有明显的阈值性，膜电位一旦超过阈值动作电位就发放，且幅度和持续时间由发放机制决定不受激发它的刺激的影响。每个动作电位之后有个强制的沉默期(即不应期，refractory period)，此期间不能发放第二个动作电位。

动作电位的离子基础如下：当膜电位升高到阈值的时候，细胞膜对钠的阳离子的通透性猛增，大量钠离子涌入神经纤维造成膜电位迅速增加，膜电位大于零。随后，钾阳离子迅速外泄，膜电位回落。动作电位发放后，神经元需要通过一定的时间，通过生物过程恢复到静息状态。在这期间，离子失活，不能像静息态的离子一样运动。这段时间就是不应期。

突触是负责把神经信号从一个神经元传递到另一个神经元的重要结构。它是轴突末梢与树突或胞体靠得很近的结构。突触间隔一般在 20～50 nm，但是也有小的间隔，仅宽 2 nm。

突触按其传导机制分为电突触和化学突触。电突触通过 2 nm 的间隙直接把动作电位传导到后续神经元，传导速度快，几乎无延迟，但是在生物体中的应用较少。化学突触的突触间隔一般较大，电信号不能直接传过去。这种突触中，突触前膜在动作电位刺激下，释放化学递质。它通过化学作用，改变突触后膜的通透性，影响突触后电位。化学突触的传递需要一定的时间，会造成信号传递的延迟。

突触又按其效果分为兴奋性和抑制性的。对于化学突触，兴奋性突触将使突触后电位升高，相反抑制性突触将降低突触后电位。当突触后电位的总和达到阈值时，突触后神经元将有动作电位发放。

前面已经说明，神经系统只传递两种信号：局部电位和动作电位。这两种信号是所有被研究过的生物体中神经系统的通用语言。

局部电位只能短距离传播，一般限于 1 mm 或 2 mm。这种电位在特殊的区域如感觉神经末梢（称为感受器电位）或者在细胞与细胞的节点（称为突触电位）起重要作用。但是长距离的信号传输，依靠的是动作电位。动作电位在不同的神经通路中都是大致相同的，而且在各种生物体中也没有多少差别。最大的差别是各种神经纤维中动作电位的传导速度不尽相同。

所有的神经纤维都传导这样一种信号，可以断定神经纤维中的信息不是电话线中的模拟电流。在神经系统中，可以把动作电位看作信息传递中使用的符号。不同的动作电位序列，具有不同的全或无的时间组合，携带不同的信息。这种携带信息的方式被称为用动作电位对信息进行编码。编码在动作电位序列中的信息主要依赖于动作电位之间的时间间隔。依赖于时间而不是依赖于电位活动波形的细节，这增加了神经之间进行通信的可靠性和可再现性。神经信号在传导中的分散和衰减会改变电位活动的波形，但是能够保持它们的时间信息。

单个神经元的活动已经被使用电学定律建立的模型很好地描述，例如 Hodgkin - Huxley 方程[13]。突触的动力学以及它的可塑性也被广泛研究[24,25]。但是认识一个神经元集体的活动规律和功能，仍是一个艰巨的任务。

1.3 复杂网络理论

在神经系统的研究中，除了根据神经生物学实验得到基本组成单元的数学模型以及使用动力学对于模型系统的活动进行认识以外，神经网络的结构也是一个重要的方面。网络的结构对于大多数复杂系统整体的动力学具有重要的影响，这已经是一个被普遍接受的观点。网络结构对于神经网络动力学的影响是本节的主要工作之一。本节介绍关于复杂网络结构的理论。

复杂网络研究一开始就是交叉学科研究。在复杂网络研究兴起之前，网络概念就已经在几个研究领域出现并发挥着重要的作用，例如社会学研究、计算机网络和互联网、数学中的一个分支图论，以及本节关心的神经系统活动。现实中的网络系统可以分成四类：社会网络、信息网络、技术网络、生物网络[26]。过去的十几年内，由于各领域数据的大量积累以及数据采集与处理的计算机化，跨越学科和领域差别的网络结构研究得以实现。不同领域中网络的结构具有的一些共同的规律被发现，一些描述复杂网络的共同特征的模型被提出来，网络结构与网络上动力学的相互作用也吸引了多个领域的大量研究。复杂网络结构理论和动力学方面的综述文章有参考文献[26]，[30]。根据这些综述，本节对网络结构理论进行简单的介绍。

1.3.1 网络的表示与统计描述

图论是对复杂网络进行严格数学处理的自然框架。形式上，一个复杂网络可以表示成一个图。一个图 $G=(N;L)$ 由两个集合 N 和 L 组成，$N\neq\emptyset$，L 是 N 中的元素对。$N\equiv\{n_1,n_2,\cdots,n_N\}$ 的元素是图 G 的节点，$L=\{l_1,l_2,\cdots,l_N\}$ 是图 G 的边。

提到一个节点时，经常用它在点集 N 中的序号 i 来称呼。边可以表示成 $(i;j)$ 或 l_{ij}。两个节点 i，j 被称为边 $(i;j)$ 的端点。如果两个节点被一条边连着，则称它们是近邻。如果规定边 l_{ij} 是从节点 i 指向节点 j 的，并且在一个图中可以有 $l_{ij}\neq l_{ji}$，则称这个网络是有向的。如果一个图中总有 $l_{ij}=l_{ji}$，则称这个网络是无向的。

对于一个尺寸为 N 的网络 G，边的数目 M 最小为0，最大为 $N(N-1)/2$。如果 $M\ll N^2$，则称网络是稀疏的；如果 $M=O(N^2)$，则称网络是稠密的。

图论中的一个中心概念是图中两个不同节点的可到达性。图中两个不是近邻的节点也有可能从一个点到达另一个点。一个从节点 i 到节点 j 的路径是一个可选的点和边的序列，它从节点 i 开始，到节点 j 结束，其中每个节点只经过一次。这个路径的长度被定义为这个路径上边的个数。两个节点之间的最短路径又称为测地线。如果网络中任意一个节点对 i 和 j 之间都存在一个路径从 i 到 j，那么就称网络是连通的，反之则称为不连通的。

一个图 G 可以完全地被连接矩阵 $\mathbf{A}$ 描述，它是一个 $N\times N$ 方阵，它的元素记为 $a_{ij}(i,j=1,2,\cdots,N)$，如果边 l_{ij} 存在，则 $a_{ij}=1$，反之 $a_{ij}=0$。

度分布：节点 i 的度，记为 k_i，是与该节点相连接的其他节点的数目，用连接矩阵定义为

$$k_i=\sum\nolimits_j a_{ij} \tag{1.1}$$

有向网络中一个节点的度分为出度和入度。节点的出度是从该节点出发的边数，节点的入度是从其他节点出发连接到该节点的边数，节点的总度是二者之和。网络中所有节点的度的列表被叫作度序列。

一个网络最基本的拓扑特征是度分布 $P(k)$，也可以记为 P_k 或者 p_k。它被定义为随机选择一个节点，它的度为 k 的概率。等价地也可以定义为网络中度为 k

的节点所占的份数。另外，网络中的平均度 $<k>$ 是一个描述网路稀疏程度的基本参量。它是网络中所有节点度的平均值。利用度分布，平均度的定义为

$$<k>=\sum_k kP(k) \tag{1.2}$$

平均最短路径长度：最短路径在网络的传输与通信中具有重要的作用。例如互联网上一个计算机要发送一个数据包到另一个计算机，那么测地线就提供了一个最佳路径，它能够实现快速的传输并节省系统资源。把两个节点 i 和节点 j 之间的测地线的长度记为 d_{ij}。d_{ij} 的最大值被称为网络的直径，记为 D，即

$$D=\max_{ij}(d_{ij}) \tag{1.3}$$

网络中两个节点的典型距离的量度是平均最短路径长度，又叫作特征路径长度。它定义为在所有节点对上测地线长度的平均值：

$$L=\frac{1}{N(N-1)}\sum_{i,j=1,i\neq j}^{N} d_{ij} \tag{1.4}$$

数值计算平均最短路径可以按照标准算法，Dijkstra 算法[31] 进行，另一个更快的算法在参考文献[32]中。

成团系数：成团是社会网络的典型特征，它的含义是两个有共同朋友的个体很可能彼此认识[33]。对于网络的这种属性可以使用成团系数[34] 进行衡量。节点 i 的局部成团系数 C_i 定义为 i 的两个近邻 j 和 m 相连的概率。假定节点 i 有 k_i 个近邻，那么在这些近邻中最多可能存在 $k_i(k_i-1)/2$ 条连接。在数值计算中，数出这些近邻中实际存在的连接数 E_i，则

$$C_i=\frac{E_i}{k_i(k_i-1)/2}=\frac{\sum_{j,m}a_{ij}a_{jm}a_{mi}}{k_i(k_i-1)} \tag{1.5}$$

整个网络的成团系数就是对网络中所有节点的局域成团系数做平均。

$$C=\frac{1}{N}\sum_i C_i \tag{1.6}$$

1.3.2 典型的复杂网络

规则网络与随机网络：最早的多体集体活动的研究，往往采用全局耦合，即每个个体都与其他所有个体发生作用，例如参考文献[18]。这种全局耦合假设的局限性是明显的，真实的复杂系统中连接往往是稀疏的。考虑到稀疏性，最初的改进是借鉴固体物理中的晶格，并发展出了一些超晶格结构。这种网络可以被称为规则网络。它们的特点是：每个节点的连接度基本一致；网络的平均最短路径长度正比于网络的规模；成团系数大。例如，具有周期边界条件的一维近邻耦合网络，由 N 个节点组成一个圆环，每个节点与左右 k 个邻居相连。则每个节点的度都是 $2k$。网络的成团系数[28] 为

$$C=\frac{3(2k-2)}{4(2k-1)}\approx\frac{3}{4} \tag{1.7}$$

网络的平均路径长度[28]为

$$L=\frac{N}{4k}\rightarrow\infty \quad (N\rightarrow\infty) \tag{1.8}$$

这一点与大多数实际网络的平均路径长度的量级 $O(\ln N)$ 不相符。

另一种改进方式是对网络进行随机稀疏，这种网络被称为随机网络。在随机图理论中，已经使用概率理论系统地研究了这种网络。这种系统的研究开始于数学家 Erdös 和 Rényi，他们提出了一种产生 N 个节点和 M 个边的随机网络的模型，被称为 ER 随机图[35]。ER 模型构造方法如下：从 N 个孤立点开始，随机的选择一个节点对，如果它们不是近邻，则连接它们，直到网络中边的数目为 M。还有另外一个可选的构造随机图的方法：考虑每一个节点对，以概率 $0<p<1$ 将它们连接。在使用这种方法构造的网络中，边的数目的期望值是 $pN(N-1)/2$。第二种方法构造的模型更容易进行解析处理，所以第二种方法更常用。

在有 N 个节点的 ER 随机网络中，一个节点 i 的度 $k_i=k$ 的概率是一个二项式分布

$$P(k_i=k)=\mathrm{C}_{N-1}^{k}p^k(1-p)^{N-1-k} \tag{1.9}$$

其中 p^k 是节点有 k 条边的概率，$(1-p)^{N-1-k}$ 是其余 $N-1-k$ 条边不出现的概率，C_{N-1}^{k} 是选择 k 条边的另一个端点的方法的数目。在大的网络尺寸 N 和固定的平均度 $<k>$ 下，度分布近似为一个泊松分布：

$$P(k)=\mathrm{e}^{-<k>}\frac{<k>^k}{k!} \tag{1.10}$$

当 $p\geqslant \ln N/N$ 时 ER 模型产生的几乎所有网络都是连通的[39]。平均最短路径长度满足

$$L\sim \ln N/\ln <k> \tag{1.11}$$

网络的成团系数满足

$$C=p=<k>/N \tag{1.12}$$

稀疏的随机网络有小的平均最短路径，同时 $C\ll 1$，缺少明显的成团趋势。

小世界网络：超越上述两种简单的稀疏网络的第一步是小世界网络。规则网络和随机网络被应用到了很多领域的研究中，包括生物的、技术的和社会的网络系统。但是，真实的网络往往处在这两个极端之间。Watts 和 Strogatz 研究了一个简单的模型，它通过对规则网络进行重连向网络中引入一定量的无序，从而把网络调节到中间地带[34]。研究发现，这种网络像规则网络一样有高的成团性，又像随机网络一样有小的特征路径长度。它被命名为小世界网络。

参考文献[34]中提出的模型被叫作 WS 小世界网络。它的构造方法如下：从

构造一个尺寸为 N 的一维环开始，每个节点与距离它最近的 $2k$ 个节点相连，对环上的每一条边以概率 p 进行随机重连。在这个随机化的过程中，要避免自连和重复连接。重连引入了 pNk 个长程连接。

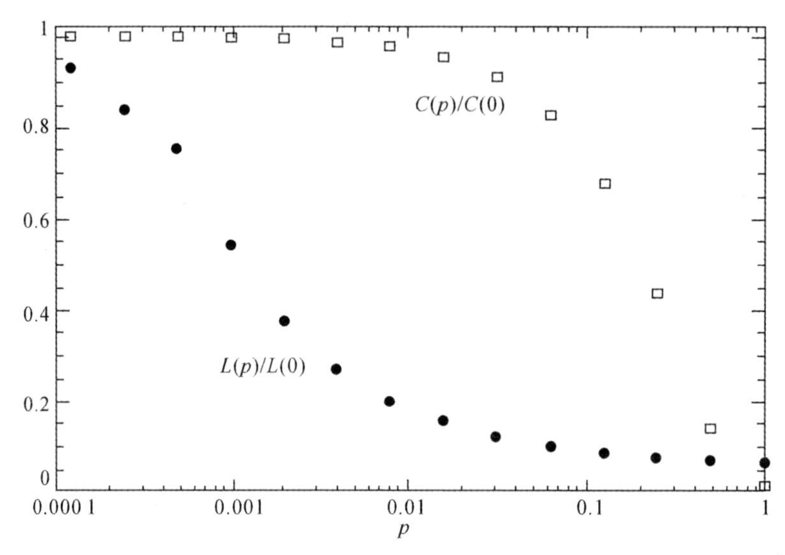

图 1.2　WS 小世界网络模型的特征路径长度 $L(p)$ 和成团系数 $C(p)$[38]

图 1.2 是数值模拟得到的小世界模型的特征路径长度 $L(p)$ 和成团系数 $C(p)$ 随着重连参数 p 的变化。在小的 p 值下 $L(p)$ 快速下降，而 $C(p)$ 基本保持不变。在这个图上可以看到有一个宽的参数区，那里 $L(p)$ 的值接近 $L(1)$，而 $C(p) \gg C(1)$。在这个区域中，网络是高成团的，同时又具有小的特征路径长度。WS 小世界模型得到的这种小的 L 和大的 C 共存的性质，与一些真实网络表现出来的特征符合得很好。已经有多个综述对一些真实网络的拓扑参数进行了整理，具体的参数可以参考这些综述[26-30]。

生物的实验中也已经调查了一些神经细胞之间通过突触连接构成的网络所具有的结构特性。通过分析神经网络的连接矩阵发现，线虫(C. elegans)的神经系统[34]、多种皮层网络[36-39]以及人工培养的神经网络[40]，都表现出了小世界属性。

研究神经网络的小世界结构与神经活动之间关系的一个著名的工作见参考文献[41]。他们对使用 HH 神经元[9]模型构造的网络进行了计算机模拟研究。模拟发现：随机网络可以对刺激做出迅速的响应，但是不能产生整个网络的相干振荡(coherent oscillation)；另一方面，规则网络能产生相干振荡，但是在时间尺度方面不能实现快速反应。而 WS 网络既表现出了快速的反应又产生了网络的相干振荡。所以，居于随机与规则之间的小世界网络，同时具有这两种极端拓扑属性的优势。另一个重要的研究是[42]。通过模拟研究发现，神经网络中长程连接的增加，将导致局域同步转变到全局同步。而这种转变与大脑中的病态同步有关,如帕金森症和癫痫发作。

无标度网络:无标度网络结构的发现得益于一位具有计算机行业工作经验的物理学家收集的互联网的数据。万维网(WWW)是一个没有经过统一设计的非常巨大的网络体系。它看起来应该是完全随机的。不过,这个网络的结构究竟是什么样的,是一个困扰这计算机科学家的问题。为了验证互联网是不是一个ER随机网络,在一个网络中每个网页的连接数被统计了出来。令人感兴趣的是,网络的度分布并不是钟型分布,而是满足一个幂律分布[43]。

这种度分布的无标度性质,被认为是增长网络中倾向性连接的结果。根据这种想法,一种网络的增长模型被提出了,在文献中它被称为Barabási - Albert(BA)模型。模型的构造方法如下[28]:①增长:从较少的几个点(m_0个)开始,在每一个时间步,给网络增加一个带有$m(m < m_0)$条边的新节点。这些新边被连接到m个不同的已经存在的节点上。② 优先连接:当选择一条新边的端点时,假定新边连接到节点i的概率Π依赖于节点i的度k_i,依赖关系为

$$\Pi(k_i)=\frac{k_i}{\sum_j k_j} \tag{1.13}$$

经过t步以后,这个过程将产生一个具有$N=t+m_0$个节点和mt条边的网络。

BA网络度分布的解析解是$P(k)\sim 2m^2k^{-3}$[43]。这是一个分布指数为-3的幂函数分布。BA网络的分布指数不受参数m的影响。图1.3所示是BA网络的度分布。这个网络使用的参数是:新节点具有的边数$m=2$,生长的步数$t=150\ 000$。BA网络的特征路径长度与具有相同尺寸和边数的ER随机网络相比更小,它以对数关系随着网络尺寸N增大[28]。成团系数与网络尺寸的关系是$C\sim N^{-0.75}$。这比随机图的成团系数($C\sim N^{-1}$)衰减地慢,但是它仍然不同于小世界网络的行为(C是一个不依赖于网络尺寸N的常数)。

除了万维网(WWW)[43-46],还有很多真实网络表现出了无标度的度分布性质,包括文献引用网络[47,48]、因特网(Internet)[49-51]、新陈代谢网络[52,53],等。这些网络的度分布都具有幂律形式:

$$P(k)\sim k^{-\gamma} \tag{1.14}$$

度分布指数γ往往分布在区间(2.0, 3.0)之间。

具有不等于3的度分布指数的网络可以由其他无标度模型得到。另一种重要的无标度网络模型是随机无标度网络。这种模型的构造方法如下:首先根据度分布产生一个度序列,给每个节点分配一个度,即给每个节点i分配k_i条断边。然后随机的将不同节点上的断边连接起来。这种模型又被称为配置模型。这个方法能够得到可变的度分布指数,但是它不能说明任何产生无标度性的原因。根据随机

网络的理论计算无标度网络的成团系数为[26]

$$C \sim N^{(3\gamma-7)/(\gamma-1)} \tag{1.15}$$

由此可得，当 $\gamma > 7/3$ 则在大的网络中 C 趋于 0；当 $\gamma < 7/3$ 则 C 随着网络尺寸增大。具有无标度分布的随机网络，特征路径长度满足的关系是，当 $\gamma > 3$ 时

$$L \sim \ln N \tag{1.16}$$

当 $2 < \gamma < 3$ 时

$$L \sim O(\ln\ln N) \tag{1.17}$$

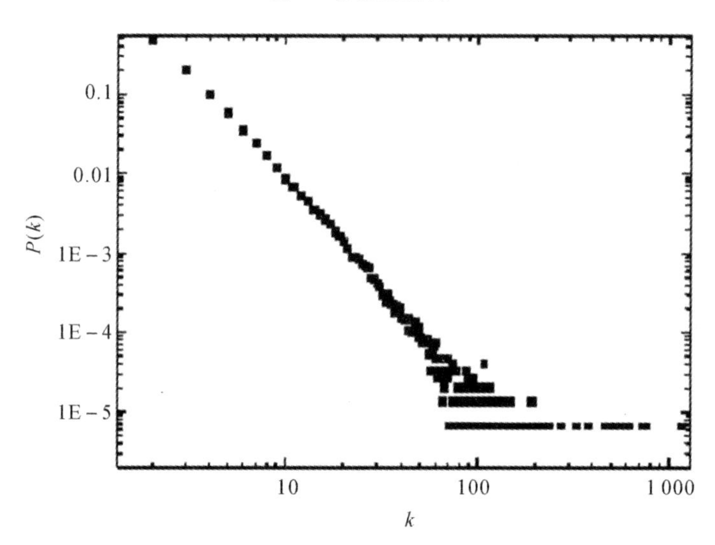

图 1.3　BA 网络模型的度分布

许多真实网络同时表现出了无标度的度分布性质和小世界性质。为此有模型在构造无标度网络的同时，还保证了大的成团系数。

无标度网络的幂律度分布函数决定了在网络中小节点丰富，而大节点具有数目巨大的近邻。这种结构特点对具有无标度网络结构的复杂系统的性质具有很重要的潜在影响。一个最为人熟知的例子是无标度网络对于随机故障的鲁棒性，对于针对攻击的易损性[28]。一个随机故障发生时，由于网络中小节点丰富，这个故障以更高的概率发生在小节点上。在模拟中对应着从网络中随机的移除节点。模拟发现，相对于随机网络，在无标度网络中移除更多节点后网络才会分裂成不连通的团。而倾向于攻击度最大的节点时，在无标度网络中只要攻击很少的节点网络就会不连通。

前面提到，一些工作已经证明许多神经网络表现出小世界性质。同时也有一些工作表明神经网络不仅具有小世界性质也表现出某些无标度网络才具有的属性。例如，一些研究表明皮层网络中移除一些神经元导致的网络结构变化与无标度网络中观察到的非常相似[54]。通过脑的功能核磁共振成像研究发现脑的功能

网络表现出小世界和无标度性质[55]。同时通过使用粗粒化方法进行的数值研究表明,粗粒化过程不改变初始的无标度网络的定性性质。这两个工作也支持了皮层网络的神经元连接是无标度结构的可能性。

度关联:社会网络的研究者早就知道朋友多的人之间相互认识的概率更大。这似乎暗示网络中不同度等级之间的连接概率不同。为了量化这种度等级之间的相关性,统计力学的研究者提出了一个基于关联函数的定义[56],定义式如下:

$$r=\frac{1}{\sigma_q^2}\sum_{jk}jk(e_{jk}-q_jq_k) \tag{1.18}$$

其中,j,k 是一条边的两个端点的剩余度,它等于相应节点度减1。q_j(或 q_k)是从网络中任选一条边其一个端点的剩余度是 j(或 k)的概率。e_{jk} 是剩余度为 j 和剩余度为 k 的点相连的概率。系数为

$$\sigma_q^2=\sum\nolimits_k k^2q_k-\left[\sum\nolimits_k kq_k\right]^2 \tag{1.19}$$

它是归一化系数。公式(1.18)定义的量化度之间关联的系数被命名为度关联系数。$r>0$ 表示网络中度大的节点倾向于连接度大的节点,称为正匹配。$r<0$ 表示网络中度大的节点倾向于连接度小的节点而度大节点之间相互连接的概率小,称为负关联,又称为反匹配。

对于大多数具有非零度关联属性的网络模型,往往不知道一个度为 k_i 的点连接着一个度为 k_j 的点的条件概率,所以往往难以进行分析处理。这个定义常常以数值计算表达式的形式用于网络数据的实证研究。数值计算表达式如下:

$$r=\frac{M^{-1}\sum\nolimits_i j_ik_i-[M^{-1}\sum\nolimits_i \frac{1}{2}(j_i+k_i)]^2}{M^{-1}\frac{1}{2}(j_i^1+k_i^2)-\left[M^{-1}\sum\nolimits_i \frac{1}{2}(j_i+k_i)\right]^2} \tag{1.20}$$

其中 j_i,k_i 是网络中第 i 条边的两个端点的度,$i=1,\cdots,M$,M 是网络中边的总数。

利用上述度关联系数的定义,大量复杂网络结构的数据库已经被研究。研究发现真实网络中度关联是普遍存在的[56],并且度关联表现出明显的规律:在社会网络中度关联为正匹配,而在生物网络、技术网络中度关联为负匹配;度关联系数大多分布在(−0.3,0.3)之间。这种拓扑属性也给网络上的动力学带来了显著的影响。例如正匹配网络上逾渗[28]更加容易,而对于节点的移除更加鲁棒。

另外还有两种衡量度关联性的系数。

(1) 网络的边的度相关系数 ρ 描述网络的边连接的两个节点 i 的出度和节点 j 的入度之间的相关性,并且这条边的方向是由 i 指向 j,则有

$$\rho=\frac{\langle k_i^{\mathrm{out}}k_j^{\mathrm{in}}\rangle_e}{\langle k_i^{\mathrm{out}}\rangle_e\langle k_j^{in}\rangle_e} \tag{1.21}$$

其中 $\rho=1$ 表示不存在相关性。

(2) 与上述两种度相关系数不同,匹配性 A 只考虑两个端点的度相等的边。这种方法在参考文献[67]中被提出。定义 $\varepsilon_{k^l k^r}$ 为随机选择的边连接的两个节点的度分别为 k^l 和 k^r 的概率,则对于没有相关性的网络(如 ER 随机网络)可得

$$\varepsilon_{k^l k^r}^{\text{ran}}=(2-\delta_{k^l k^r})\frac{k^l P(k^l)}{\langle k^l\rangle}\frac{k^r P(k^r)}{\langle k^r\rangle} \tag{1.22}$$

其中,$\delta_{k^l k^r}$ 表示 Kronecker 函数,$P(k)$ 为度分布。由于在正匹配网络中,度较大的节点更趋于连接度较大的节点。因此在正匹配网络中,随机选择的边连接着两个度相等的节点的概率比在随机网络中的选择的概率大,即

$$\varepsilon_{kk}>\varepsilon_{kk}^{\text{ran}} \tag{1.23}$$

因此表征网络正匹配特性的参量计算公式如下:

$$A=\frac{\sum_k \varepsilon_{kk}-\sum_k \varepsilon_{kk}^{\text{ran}}}{1-\sum_k \varepsilon_{kk}^{\text{ran}}} \tag{1.24}$$

文献[67]认为 $A=1$ 表示完全正匹配,$A=0$ 表示不相关网络,$A=-1$ 表示完全反匹配网络。考虑到网络的有限尺寸效应,A 的取值的小于 1。在下一节中,将看到这种定义的缺点。

其他一些典型的网络特征还包括模块性[57-59]、等级性[60,61]和社团结构[62-66]等。

1.4 度关联网络的产生

1.4.1 最大度关联

有倾向重连产生反匹配网络的方法是[67,68]:在初始网络中随机选择两条不同的边,将它们连接的其中一个节点进行交换产生两条新的边,例如 A-B 和 C-D 被修改为 A-D 和 C-B。如果产生的两条新的边使得网络的度关联系数向我们需要的方向变化(本节将主要关注度关联系数减小的方向),则保留这次交换。否则,舍弃这次交换,网络恢复到此次重连前。重复这种重连过程,直到产生了所需要的网络。在重连过程中,必须保证任意两个节点最多只能被一条边相连,并且节点不能自相连。

重连方法最早是由 Maslov 和 Sneppen 提出[69]的,已经被应用到许多复杂网络的研究中。由于许多真实的生物网络和科技网络等都是明显的反匹配网络,在对真实的复杂网络进行研究时,就需要构造反匹配网络模型。然而重连方法产生反匹配网络的效果还没有被系统地研究过。

本节的主要内容是检验有倾向性重连是否能产生需要的反匹配网络。这里选

择BA无标度网络来研究重连对网络皮尔森度相关系数 r 的影响。网络参数是网络尺寸 $N=1\ 000$,网络的平均连接度 $\langle k\rangle=6$。图1.4给出了网络的皮尔森度相关系数 r 与重连次数 t 的关系。重连前 $r=-0.105$,而重连后可以得到 $r=-0.318$。由图1.4可知,有倾向重连可以增强无标度网络的反匹配特性。在参考文献[70]中作者给出皮尔森度相关系数 r 的取值范围为[-1,1],其中-1表示网络完全负相关,0表示网络不相关,1表示网络完全正相关。但是计算机模拟得到的一个明显的结果见参考文献[71],皮尔森度相关系数 r 最后会减小到一个常数,而不是一直减小到-1。

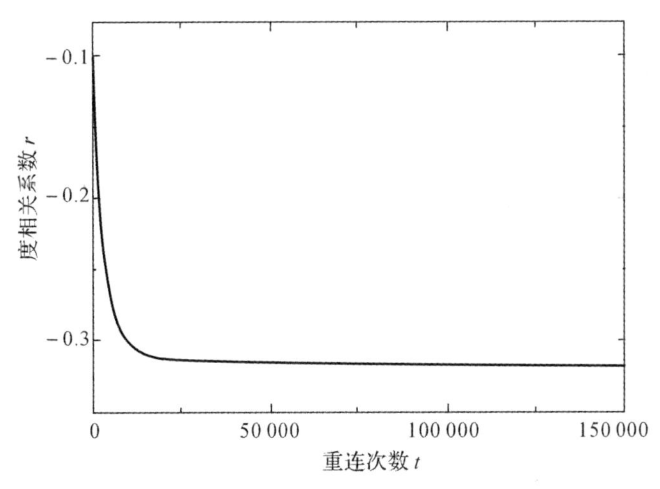

图1.4 BA网络中度相关系数 r 与重连次数 t 的关系

由 r 的计算公式可知,当 $k_a^l=k_a^r$ 时,度相关系数 $r=1$ 其中下标 a 表示第 a 条边。即当网络中每条边连接着的两个节点的度相等,网络是完全正匹配的。这个条件在无标度网络中是可以近似实现的。当 $r=-1$ 时,从相关系数的数值计算公式可知节点度满足:

$$\langle k_a^l k_a^r\rangle_e=2[\langle(k_a^l+k_a^r)/2\rangle_e]^2-\langle(k_a^{l\,2}+k_a^{r\,2})/2\rangle_e \tag{1.25}$$

其中 $\langle\cdot\rangle_e$ 表示对所有的边作平均。

由于等式右边的两项只依赖于网络中的节点度,因此重连前后等式右边的值不变。把等式右面的值计算出来,得到

$$\begin{aligned}&[\langle(k_a^l+k_a^r)/2\rangle_e]^2\approx 265.95\\&\langle(k_a^{l\,2}+k_a^{r\,2})/2\rangle_e\approx 800.30\end{aligned} \tag{1.26}$$

根据上面的等式可得

$$\langle k_a^l k_a^r\rangle_e\approx -268.40 \tag{1.27}$$

由于在网络中 $\langle k_a^l k_a^r\rangle_e$ 的值是恒大于0的,因此网络完全反匹配这个条件不能成立。所以有倾向重连不能使网络的皮尔森度相关系数达到 $r=-1$。总结上述

结果可以得出，有倾向性重连在一定程度上可以增加网络的反匹配，但是并不能使网络达到完全反匹配。

为了更好地研究重连对BA无标度网络度关联性的影响，我们进一步研究网络参数参数——尺寸N，平均度$\langle k \rangle$以及度分布指数γ对结果的影响。在进行计算机模拟时，构造1 000个不同的BA网络进行网络平均。在重连过程中，也许需要经过若干次尝试才能使r减小，并且随着重连次数的增加，需要尝试的次数也逐渐增加。我们规定当连续尝试重连网络总节点数的5倍，即$5N$次，都没有得到一个使r减小的重连步时，就结束重连过程。

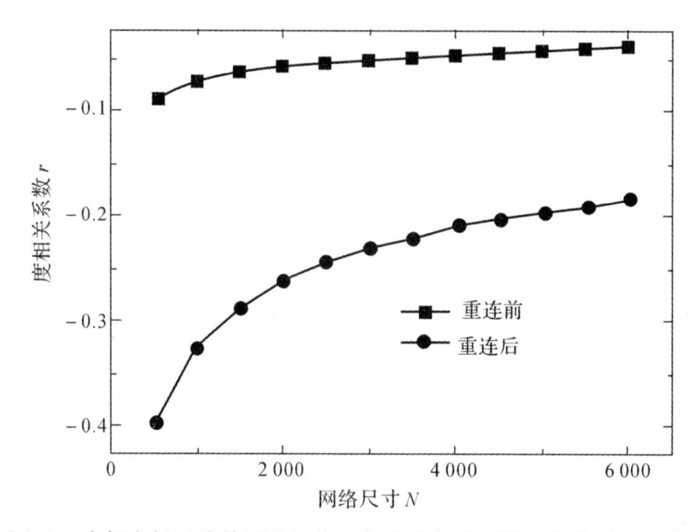

图1.5　有倾向性重连前后的网络皮尔森度相关系数与网络尺寸的关系

首先保持网络的平均度$\langle k \rangle=6$和度分布指数$\gamma=3$不变，改变网络尺寸，研究网络尺寸N对重连的影响，得到图1.5所示的结果。由图1.5可知，重连后网络的皮尔森度相关系数r的值减小。在重连前，网络尺寸对皮尔森度相关系数r的影响很小。但是重连后，网络的皮尔森度相关系数r随网络尺寸的增大而增大。因此得出有倾向重连可以增强BA无标度的反匹配，并且对于节点较少的网络，重连对反匹配的增强效果更明显。

然后我们保持BA网络的尺寸$N=1\ 000$以及网络的度分布指数$\gamma=3$，研究网络平均度$\langle k \rangle$和有倾向重连的关系。由如图1.6可知重连前网络的皮尔森度关联系数r大于重连后对应的r。在重连前，随着$\langle k \rangle$的增加，皮尔森度相关系数r缓慢增加。重连后，皮尔森度相关系数r随着$\langle k \rangle$的增大而减小。因此可以得出，在不同的连接密度下，都可以通过有倾向重连来增强网络的反匹配，并且在连接密度较大的网络中反匹配的增强效果更明显。

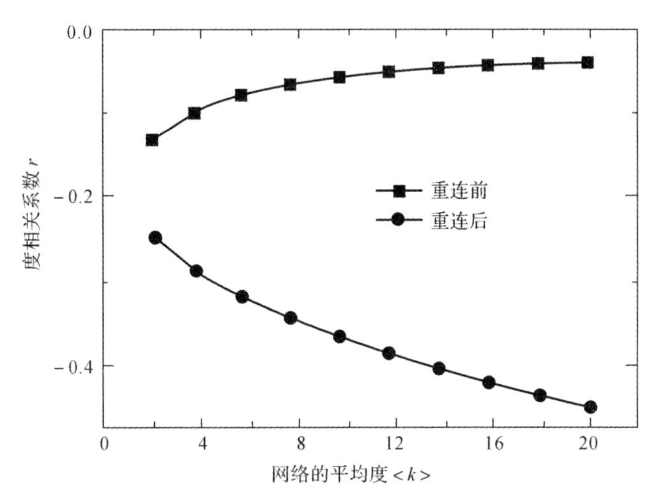

图 1.6 平均度⟨k⟩与有倾向性重连前后网络的皮尔森度相关系数 r 的关系

最后固定网络的平均度⟨k⟩=6 和网络尺寸 N=1 000，改变其度分布指数 γ，研究网络中节点度差异对网络结构的影响。度分布指数越大，网络中的节点具有的度差异越小。

由图 1.7 可以看出，在重连前 r 随着节点度均匀程度的增加而增加。重连后 r 随节点度均匀程度的增加而减小，并且重连后的 r 小于重连前。当 γ 的值在 2.4～3 之间，反匹配不能达到很大的程度。随着度均匀程度的增加，重连可以使网络达到的反匹配程度也增加。度相关性与度分布指数的关系在参考文献[72]中已经研究，得到的结果与图 1.7 中方块（重连前）的结果一致。

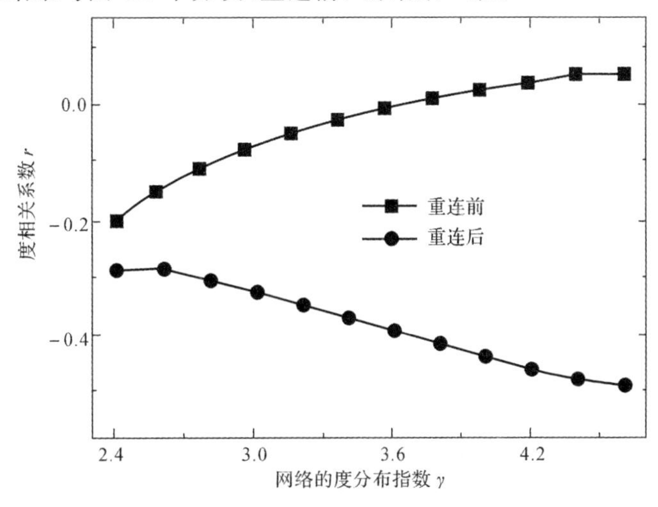

图 1.7 度分布指数 γ 与有倾向性重连前后网络的皮尔森度相关系数 r 的关系

在 BA 网络模型研究的基础上，选用两组真实的 Internet 数据，将它们与同样参数下的两个 BA 网络作对比，从而检验有向倾性重连产生反匹配网络的有效性。Internet 网络是一个显著反匹配的网络，它是研究复杂网络时经常被用到的一个例子。使用的第一组真实网络的数据来自参考文献[26]。这个 Internet 网络是 AS 自治层网络[26]。这是一个经常被引用的数据。网络的主要结构参数见表 1.1。

表 1.1 第一组 Internet 网络的参数

Network	Type	N	M	$\langle k \rangle$	γ	r
Internet	Undirected	10 697	31 992	5.98	2.5	−0.189

构造一个与此真实 Internet 网络尺寸 N、度分布指数 γ 相同，平均度 $\langle k \rangle$ 非常接近的无向 BA 网络，其具体参数为 $N=10\ 697$，$\langle k \rangle=6$ 和 $\gamma=2.5$。通过计算机模拟，得到的这个 BA 网络的皮尔森度相关系数是 $r=-0.099$。在此基础上，我们对 BA 网络进行有倾向性重连，过程如图 1.8(a) 所示。在这个网络中，重连结束后，皮尔森度相关系数稳定在 $r=-0.137$。对这个模拟进行 10 000 次，并对这些网络实现进行了统计。重连后 BA 网络的皮尔森度相关系数 r 的稳定值分布如图 1.8(b) 所示。

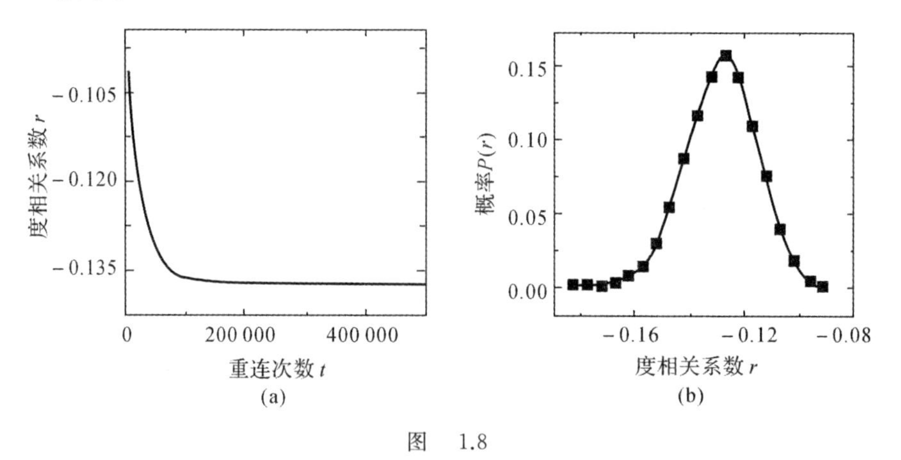

图 1.8

(a) 度相关系数 r 与重连次数 t 的关系；(b) 进行有倾向性重后度相关系数 r 的分布

由图 1.8 可知，有倾向性重连过程中，$N=10\ 697$，$\langle k \rangle=6$，$\gamma=2.5$ 的 BA 网络的皮尔森度相关系数 r 逐渐减小，并且最终达到一个大于 -1 的稳定值。即 r 不会一直减小到 -1，这与前面得到的结论一致。将图 1.8 插图中的 r 与真实的 Internet 网络数据对比可知，BA 网络重连得到的皮尔森度相关系数 r 要大于真实的 Internet 的皮尔森度相关系数 r。因此，在这个真实数据的条件下，有倾向重连可以增强反匹配，但是无法达到真实网络的反匹配程度。

为了能够得到更多的关于有倾向重连对网络度相关性影响的认识，使用一组信息更加完整的数据。第二组 Internet 网络的数据来自参考文献[73]。这个 Internet 网络也是 AS 自治层网络。这组数据有完整的连接矩阵。利用连接矩阵可以得到它的各种网络参数。由数据可知，网络尺寸为 $N=22\ 963$。通过计算机数值计算，得出其网络平均度 $\langle k\rangle=4.2$，皮尔森度相关系数 $r=-0.198$。第二组 Internet 网络的的主要参数见表 1.2。

表 1.2　第二组 Internet 网络的参数

Network	Type	N	M	$\langle k\rangle$	γ	r
Internet	Undirected	22 963	48 436	4.2	2.5	−0.198

计算这个网络的度分布，并对网络的度分布进行线性拟合，得到其度分布指数 $\gamma=2.5$。具体结果如图 1.9(a) 所示。采用 BA 模型产生一个具有相同尺寸 N 和度分布指数 γ 的无标度网络。其参数为 $N=22\ 693$，$\langle k\rangle=4$。其度分布指数也可从度分布的线性拟合得到，如图 1.9(b) 所示。

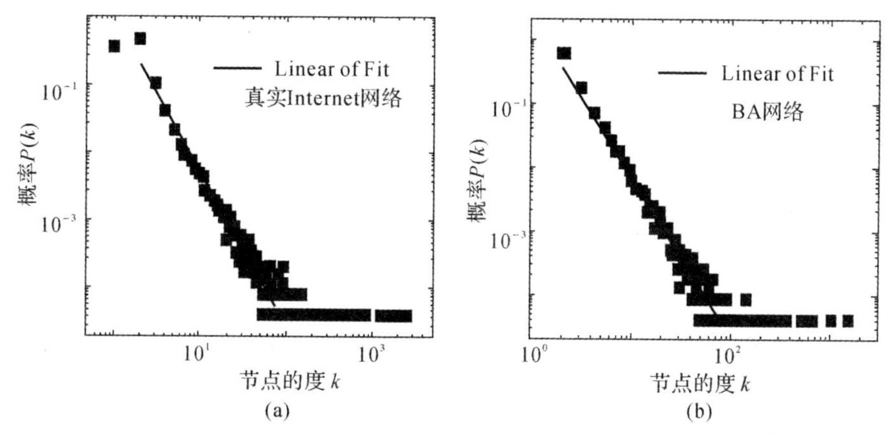

图 1.9　网络的度分布

(a)真实 Internet；(b)BA 网络

计算得到这个 BA 网络的度相关系数是 $r=-0.074$。对此网络进行有倾向性重连，重连过程如图 1.10(a)所示。重连后皮尔森度相关系数 $r=-0.093$。对 10 000个这样的网络进行统计，得到重连后稳定 r 值的分布如图 1.10(b)所示。

由图 1.10 可以看出，对于 $N=22\ 963$，$\langle k\rangle=4$ 和 $\gamma=2.5$ 的 BA 网络，有倾向性重连后的度相关系数 r 也是一个大于 -1 的常数。对多个网络进行统计后，得到 r 分布在 -0.09 附近，远远大于第二组真实的 Internet 数据中的 r。这与第一组真实数据得到的结果一致。

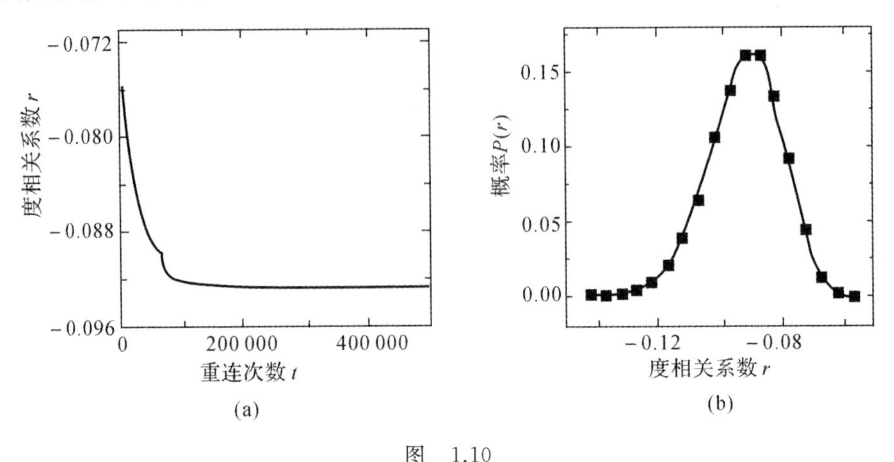

图 1.10

(a)度相关系数 r 与重连次数 t 的关系;(b)重连足够多次后度相关系数 r 的分布

由以上结果可以得知,根据真实的 Internet 数据构造的 BA 网络,对其进行有倾向性重连之后并不能得到与真实 Internet 一样的结构,其反匹配强度远远小于真实的 Internet 网络。从图 1.9 可以看到,真实的 Internet 网络的一个显著特点是存在很多度为 1 的节点。而在 BA 网络中,为了使 $\langle k \rangle = 4$,网络的最小度是 2。另外,在真实网络中度最大节点的度更大。并且除了这些特殊的节点,网络的其余的节点度分布满足幂律分布。因此关于 Internet 具有强的负关联的直观解释是许多节点只与一个节点相连,这些节点可以贡献更加强的负关联。真实的 Internet 具有更低的 r 是因为它偏离了幂函数形式的度分布。

参考文献[74,75]中研究了真实的 AS 层 Internet 网络的结构特性。对于真实的 Internet 网络度相关系数通常为负,重连只能使度相关系数在一个很小的范围内变化。文献指出真实的 Internet 网络的这种性质是受网络特殊结构影响的。我们的结果同样也说明了真实 Internet 结构的特殊性,并且说明了这种特殊性来自真实 Internet 度分布与模型网络度分布的微小差异。

对 BA 网络进行有倾向重连表明,有倾向重连能够增强 BA 网络的反匹配程度,但是这种增加是有限的,即重连不能使 BA 网络达到完全的反匹配。然后研究了网络的尺寸 N、网络的平均度 $\langle k \rangle$ 和网络的度分布指数 γ 三种参数对网络的皮尔森度关联系数的影响。其结果表明在网络尺寸比较小、网络连接比较稠密以及度分布比较均匀的网络中,有倾向重连后 BA 网络反匹配程度较强。

将真实 Internet 网络与相同参数下的 BA 网络做对比,结果表明重连之后的 BA 网络的皮尔森度相关系数大于对应的真实网络的度相关系数。这说明有倾向重连可以增强 BA 网络的反匹配特性,但是并不能使之达到真实网络的反匹配程度。真实 Internet 网络中存在很多度为 1 的点，而在 BA 网络中最小度为 2。另外，真实网络中最大度的值更大。其他节点符合 power - law 分布。这表明在真实 Internet 网络中，很多节点只连接一个节点，这样就很大程度上增强了网络的反匹配。

1.4.2 随机重连产生负关联

无标度网络具有自组织临界特性，它的度分布满足 $P(k) \sim k^{-\gamma}$。这种结构的特殊性引起了广泛的研究。为了研究无标度网络的拓扑结构，参考文献[9]提出了一种随机重连的方法来产生一些网络，并将其与初始网络进行对比。这种方法被有效地应用到蛋白质网络[9]和计算机网络[76]中。参考文献[67]中提出一种相对简单的、被广泛应用的随机重连方法。通过这种随机重连方法可得到需要的正匹配或者反匹配网络。参考文献[67]认为结果表明，随机重连后网络的正匹配或者反匹配特性趋于零。但是参考文献[76]中指出对于 Internet 网络，随机重连后网络的反匹配特性与初始的网络很相似。这两种矛盾的说法表明我们对随机重连如何影响网络结构的理解还不够[77]。

本节首先研究随机重连对 BA 网络和 ER 网络度相关性的影响。这里选取的网络是网络尺寸 $N=1\ 000$，平均连接度 $\langle k \rangle=10$ 的 BA 网络和 ER 网络，并且按照上述的随机重连的方法对两个网络进行足够多次的随机重连。首先给出随机重连对 BA 网络和 ER 网络相关系数 ρ 的影响，如图 1.11 所示。其中图(b)是对两种网络做了 100 次模拟后的统计结果。

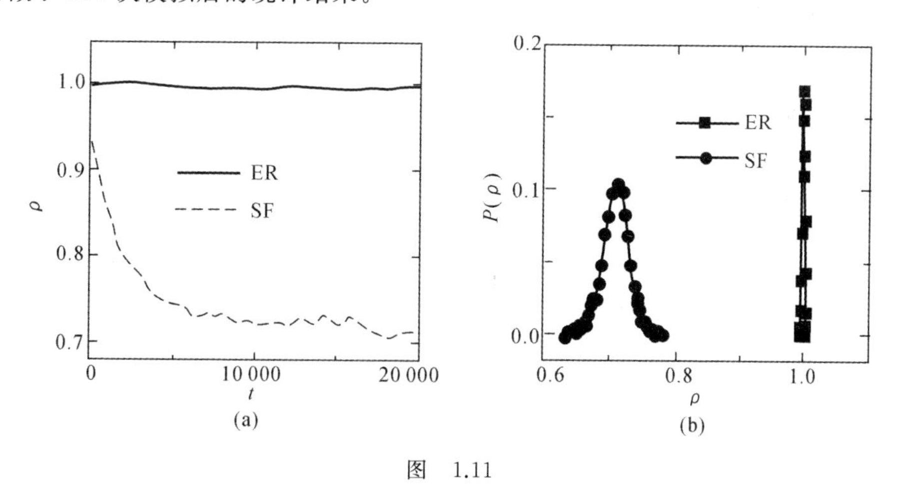

图 1.11

(a)相关系数 ρ 与重连次数 t 之间的关系；(b)随机重连后相关系数 ρ 的分布

由图 1.11(a)可以看出，对于 ER 网络，重连过程中 ρ 值基本上保持不变，一直在 1 附近小范围波动。这个结果表明 ER 网络是不相关网络。但是对于 BA 网络，在重连前，BA 网络就表现出弱的负相关性($\rho<1$)。随着重连次数的增加，ρ 值逐渐减小至 0.72，并且随后一直在 0.72 附近波动。我们还分别对两种网络的随机重连后的 ρ 值做了 100 次模拟并计算分布，结果如图 1.11(b)所示。在 ER 网络中，ρ 值均匀分布在 1 左右并且分布范围很窄。这说明随机重连对 ER 网络的度相关性没有影响。相反的，在 BA 网络中，ρ 值分布在 0.72 附近并且分布范围比较宽。这表明随机重连可以增强 BA 网络的负相关性。

其次研究随机重连对 ER 网络和 BA 网络的皮尔森度相关系数 r 的影响。对相同的 ER 网络和 BA 网络进行随机重连，得到皮尔森度相关系数与重连次数的关系如图 1.12 所示。

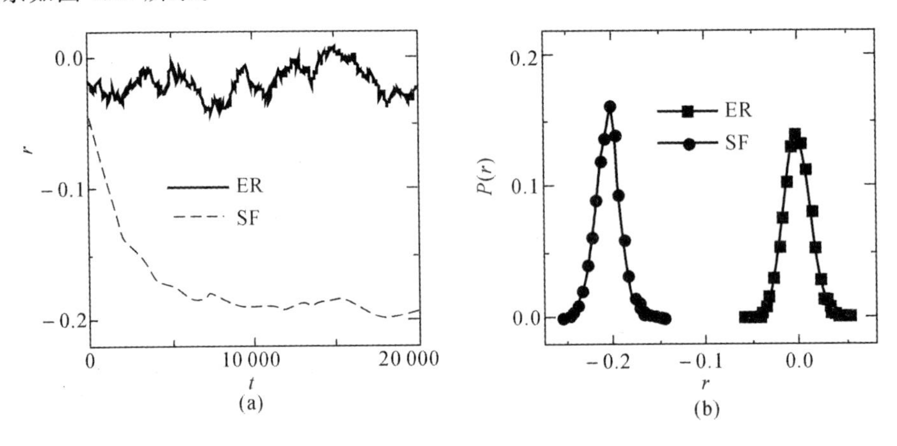

图 1.12

(a)相关系数 r 随着重连次数 t 的变化；(b)随机重连后相关系数 r 的分布

对于 ER 网络，随机重连对于皮尔森相关系数 r 没有明显的影响，r 值一直在 0 上下小幅度波动。在 BA 网络中，初始的 r 略小于 0，这表明初始的 BA 网络表现出弱的反匹配特性。随着重连次数的增加，r 值一直减小至一个大于 -1 的稳定值(-0.2)，并且随后一直在稳定值附近小范围波动。综上所述，随机重连对随机网络的度相关性没有影响，但是随机重连可以增强无标度网络的反匹配特性。这种增强并不是没有限度的。这些结果与随机重连对相关系数 ρ 的影响相一致，因此在下文中研究随机重连如何影响度关联系数变化时，只需要选取两种度关联系数中的一种即可。

为了更好地了解随机重连对无标度网络的反匹配特性的影响，接下来选取度关联系数 ρ 来研究网络反匹配特性改变的机制。根据 ρ 的计算公式及网络的连接特点，通过研究重连过程中网络中节点的邻居的度的变化来得出 ρ 变化的机制。定义$\langle k_{nn}\rangle$ 为度为 k 的节点的邻居的平均度。重连前后网络的$\langle k_{nn}\rangle$ 与 k 之间的关系图如 1.13 所示。

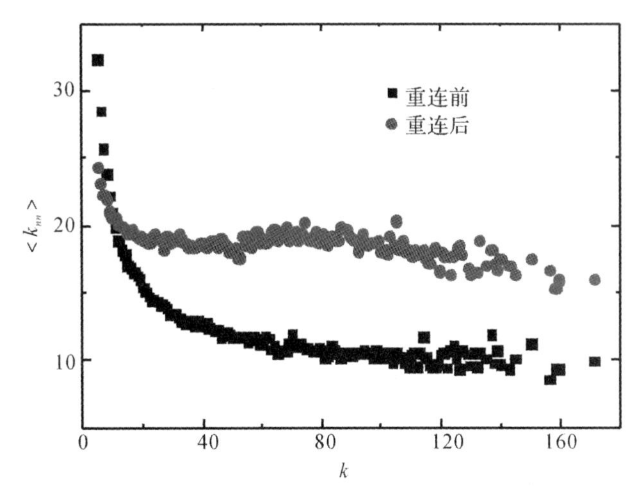

图 1.13　节点邻居的平均度$\langle k_{nn} \rangle$与节点度 k 的关系

由图 1.13 可以看出，对网络进行重连后，除了度很小的节点，其他节点的邻居的平均度$\langle k_{nn} \rangle$都明显减小。事实上，由大数定理可知，重连之后网络所有节点邻居的平均度$\langle k_{nn} \rangle$应该趋近于网络的平均度$\langle k \rangle$。

由公式(1.21)可知，ρ 是在有向网络中进行定义的。然而在研究中感兴趣的是无向网络(即对称网络)。它允许将公式(1.21)改写成方便分析的形式。定义一个新的量

$$\rho_{ij} = \frac{k_i^{\text{out}} k_j^{\text{in}}}{\langle k_i^{\text{out}} \rangle_e \ \langle k_j^{\text{in}} \rangle_e} \tag{1.28}$$

它表示任意一条边 $i \rightarrow j$ 对 ρ 的贡献，则

$$\rho = \langle \rho_{ij} \rangle_e \tag{1.29}$$

在对称网络中，因为节点的入度和出度是相等的，因此

$$\rho_{ij} = \frac{k_i k_j}{(\langle k \rangle_e)^2} \tag{1.30}$$

对节点 i 的所有的邻居做平均得到

$$\rho_i = k_i^{-1} \sum\nolimits_{j \in \Omega_i} \rho_{ij} \tag{1.31}$$

其中 Ω_i 为节点 i 的邻居的集合。对所有度等于给定度值 $k \in \{m, m+1, \cdots, k_{\max}\}$ 的节点的 ρ_i 做平均可得

$$\rho_k = N_k^{-1} \sum\nolimits_{k_i = k} \rho_i \tag{1.32}$$

其中 N_k 为网络中度为 k 的节点数目。根据上面的几个定义，很容易地发现

$$\sum\nolimits_k k N_k \rho_k = \sum\nolimits_k \sum\nolimits_{k_i = k} \sum\nolimits_{j \in \Omega_i} \rho_{ij} = 2M\rho \tag{1.33}$$

式中，2是指所有的边必须计算两次。而且，根据这些定义可以将 ρ_k 与度$\langle k \rangle$联

系在一起。它们之间的关系可以近似为

$$\rho_k = \frac{k\langle k_{nn}\rangle}{(\langle k\rangle_e)^2} \tag{1.34}$$

根据上述的近似关系,可以得出最终的结果为

$$\rho = \sum_k \frac{kN_k\rho_k}{2M} = \sum_k \frac{k^2N_k\langle k_{nn}\rangle}{2M(\langle k\rangle_e)^2} \tag{1.35}$$

为了分析随机重连对度关联系数的影响,需要定义参量

$$\alpha_k = \frac{k^2N_k\langle k_{nn}\rangle}{2M(\langle k\rangle_e)^2} \tag{1.36}$$

它是度为 k 的节点对 ρ 的贡献,因此 $\rho = \sum_k \alpha_k$。

图 1.14 给出了另一个很重要的结果。根据上式计算出 α_k 值在重连前后的变化。由图 1.14(a) 可以看出,重连后网络中,除了度非常小的节点,其余大部分的度 $k \in \{m, m+1, \cdots, k_{\max}\}$ 的节点对 ρ 的贡献都减小。在图 1.14(b) 给出了所有节点重连前后的 α_k 值的 $\Delta\alpha_k$ 变化。这给出了更直观的解释,即对于大部分的节点,重连后的 α_k 小于重连前的 α_k,这是造成重连过程中度关联系数 ρ 减小的重要原因。

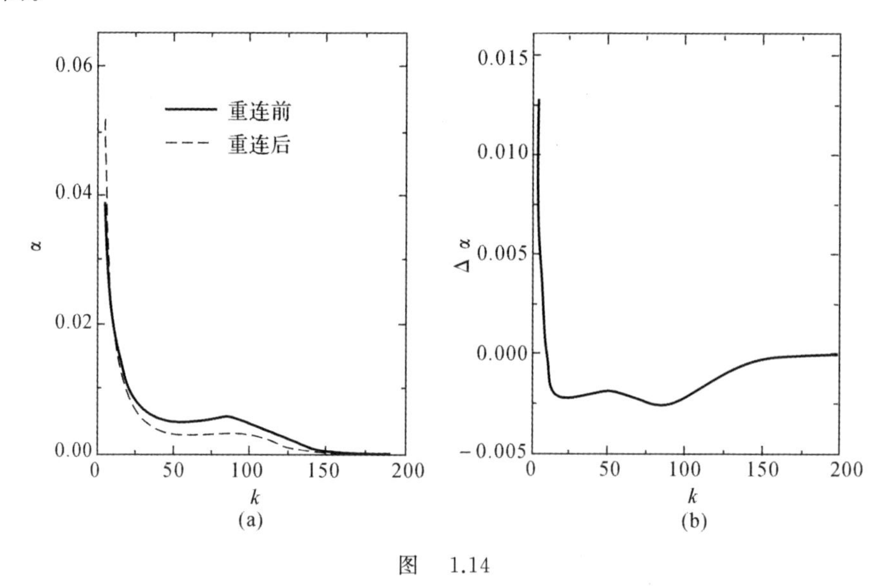

图 1.14

(a) 节点对度关联系数的贡献 α_k;(b) 重连前后这种贡献的差异 $\Delta\alpha_k$

最后,研究随机重连对第三种度关联系数即匹配性 A 的影响。与前两种度相关系数不同,计算匹配性 A 时不是考虑所有的边,而是只考虑网络中两个端点的度相同的边。对 ER 网络和 BA 网络进行足够多次重连后,得到随机重连与匹配性

A 的关系。

由图 1.15 可以看出，ER 网络和 BA 网络的匹配性 A 均在某一个固定值上下小幅度波动。ER 网络的匹配性 A 值始终保持在 0 上下小幅度波动，而 BA 网络的 A 值则保持在 -0.03 波动。结果表明与图 1.11 和 1.12 不同，随机重连过程中 ER 网络和 BA 的匹配性 A 均只发生小幅度的波动。

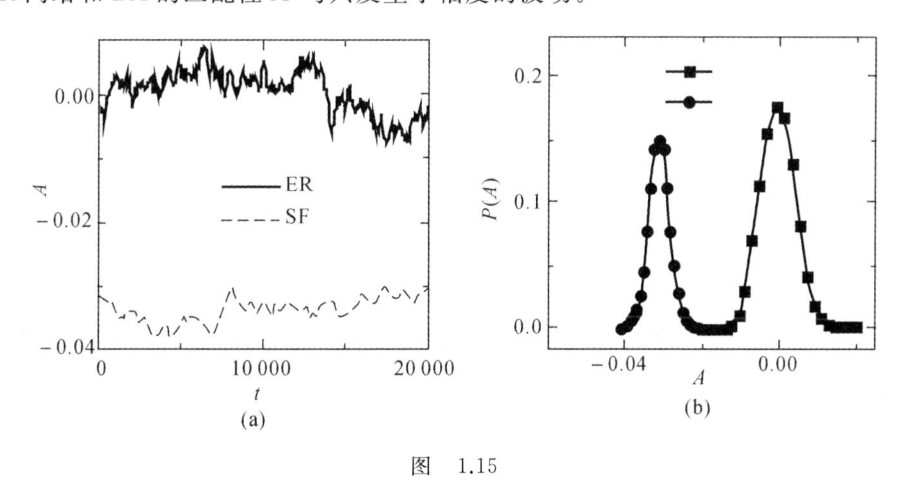

图 1.15

(a)ER 网络和 BA 网络的匹配性 A 随着重连次数 t 的变化；(b)随机重连后匹配性 A 的分布图

为什么随机重连过程中两个网络的匹配性 A 均没有太大波动？为了理解产生这种结果的原因，首先在图 1.16 中给出重连前后一条边的两个端点都为 k 的概率 ε_{kk} 对节点的度 k 的依赖关系。当节点的度较小时，图(a) 中的三条曲线趋近于重合，而当节点的度较大时，重连后的曲线不再与另外两条曲线重合。如果只是这样的结果，那么 $\sum_k \varepsilon_{kk} - \sum_k \varepsilon_{kk}^{\text{ran}}$ 小于 0。根据 A 的计算公式，重连后的 A 应该保持小于 0 的趋势而不是在 1 上下小幅度波动。为了更好的分析 A 的变化趋势的原因，给出

$$R_{kk} = \frac{\varepsilon_{kk}}{\varepsilon_{kk}^{\text{ran}}} \tag{1.37}$$

与度 k 的关系如图 1.16(b) 所示。由图可知，随机重连后，当节点的度较小时，ε_{kk} 逐渐增加至与 $\varepsilon_{kk}^{\text{ran}}$ 相接近；当节点的度较大时，ε_{kk} 逐渐减小。这两种 ε_{kk} 变化的结果相互抵消，使得重连后 A 值没有特别大的波动。重连前 $\varepsilon_{kk} = 0.026\ 4$，重连后 $\varepsilon_{kk} = 0.027\ 2$，$\varepsilon_{kk}^{\text{ran}}$ 是固定值。因此随机重连对 A 值的影响很小。

由上面的结果可知，随机重连过程中，度关联系数 ρ 与皮尔森相关系数 r 有相似的变化，而匹配性 A 的变化则完全不同。为了确定哪种度关联系数更能代表随机重连对网络的相关性的影响，我们定义

$$\Delta_{kl} = \varepsilon_{kl} - \varepsilon_{kl}^{\text{ran}} \tag{1.38}$$

对比网络所有节点的连接概率。图 1.17 给出了随机重连前后网络的 Δ_{kl} 值。由图可知，Δ_{kl} 值基本上是小于 0 的，这表明无标度网络具有反匹配特性，并且 Δ_{kl} 的绝对值很小。如果将 Δ_{kl} 对所有的 k 和 l 值求和，那么图中左下角的部分占总和的大部分。重连前后 Δ_{kl} 值的区别在图中的非对角线上。但是，匹配性 A 的计算公式只包含了图中对角线的部分(一条边连接的两个节点的度相等)，而忽略了 Δ_{kl} 值的主要部分。因此匹配性 A 并不适合于表征重连后网络的度关联性。

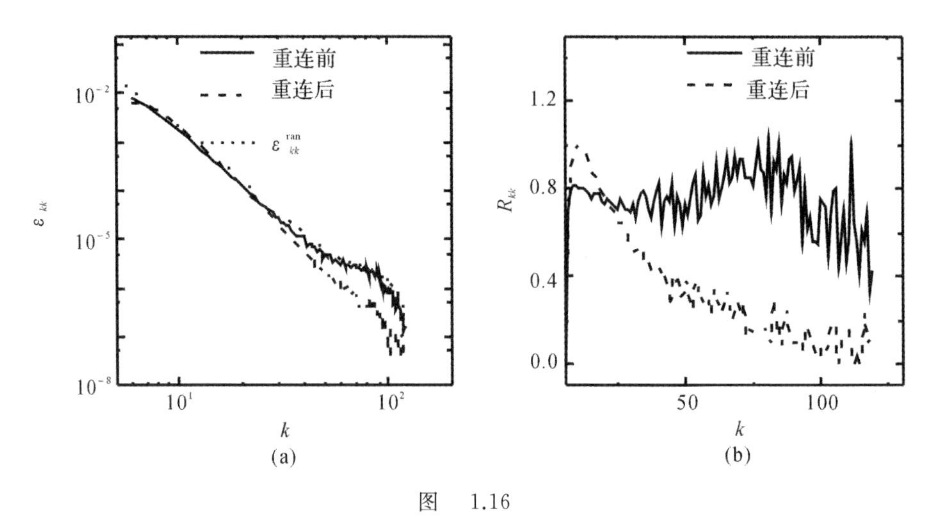

图 1.16

(a) 两个度为 k 的节点相连的概率 ε_{kk}；(b) 比值 R_{kk} 与节点的度 k 的函数关系

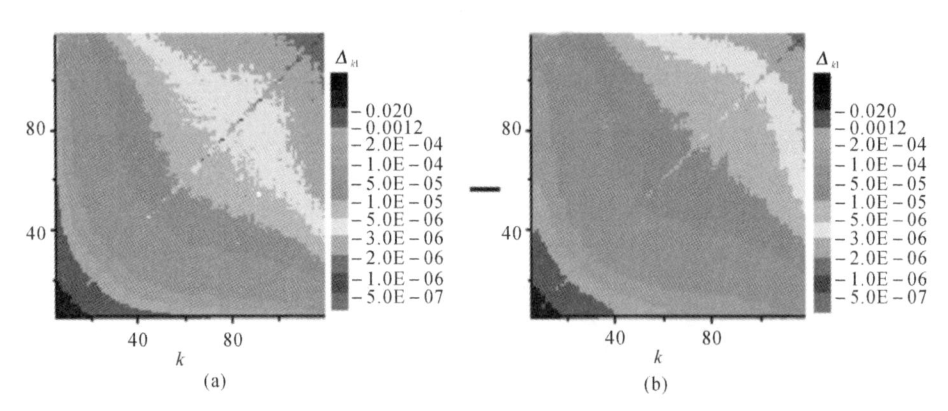

图 1.17　度 k 和度 l 相连概率相对于随机无标度网络的偏离 Δ_{kl}

(a) 重连前；(b) 重连后

下面主要研究网络的不同参数对度关联系数的影响。前面的内容已经给出有倾向重连的条件下网络参数对皮尔森度相关系数 r 的影响。由于重连对 r 和 ρ 的影响类似，因此这里仅选取度相关系数 ρ 进行研究。网络参数选取网络尺寸 $N=1\ 000$，平均连接度 $\langle k\rangle=10$ 和度分布指数 $\gamma=3.0$。模拟结果如图 1.18 所示。

图 1.18(a) 给出随机重连前后网络的度关联系数 ρ 与网络尺寸 N 的关系。可以看出在重连后的网络中，随着网络尺寸的增大 ρ 值逐渐减小。随机重连对尺寸较小和尺寸较大的网络的度关联系数均有影响，但是在较大尺寸的网络中的影响更明显。图 1.18(b) 结果表明在重连前后，ρ 值均随着网络的平均连接度 $\langle k\rangle$ 的增大而增大，即当网络连接较稀疏时，网络的反匹配特性较强。但是不论是在连接稀疏还是连接稠密的 BA 网络中，随机重连对网络度关联系数均有影响，并且随机重连后网络的 ρ 值总是小于初始网络的 ρ 值。最后，通过改变网络的度分布指数 γ 的取值来改变网络节点的度的异质性。根据前文中介绍的方法来改变网络的度分布指数，结果如图 1.18(c) 所示。可以看出 ρ 值随着 γ 的增大而明显的增大。这与网络的平均连接度 $\langle k\rangle$ 对 ρ 值得影响的结果很相似。

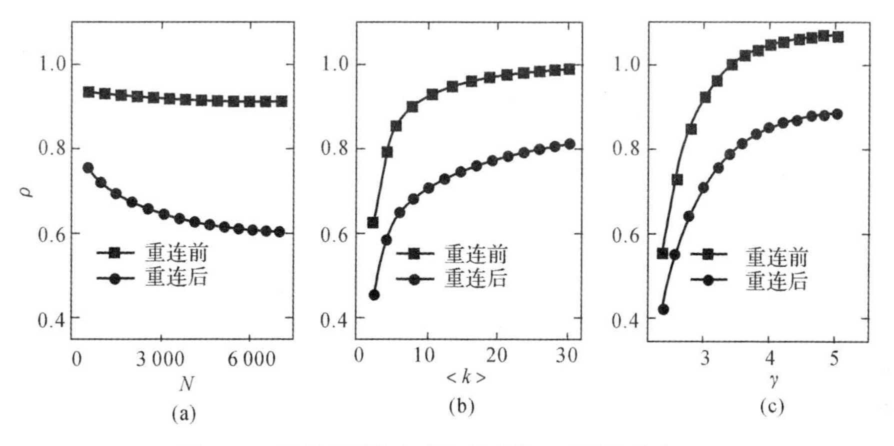

图 1.18 无标度网络中度相关系数 ρ 对网络尺寸 N，网络平均连接度 $\langle k\rangle$ 和度分布指数 γ 的依赖关系

在研究了有倾向重连和随机重连对无标度网络度关联属性的影响后，得出两种重连方法都可以增强无标度网络的反匹配特性，但是并不知道两种重连方法的影响是否相同。将这两种重连做对比，找出两种重边网络反匹配特性的区别。初始的 BA 网络的参数为网络尺寸 $N=1\ 000$，$\gamma=3.0$ 和 $\langle k\rangle=10$。

首先对 BA 网络进行随机重连并得到一个合适的 ρ 值；再对相同参数的 BA 网络进行有倾向重连并且得到相等的 ρ 值。图 1.19 给出了在两种重连网络中，度为 k 的节点邻居的平均度与 k 的关系。可以看到对于度较小和较大的节点，随机重连后的 $\langle k_{nn}\rangle$ 值更加小；而度处于中间值时结果正好相反。因此，当重连网络度相关系数相同时,两种重连方法得到的网络拓扑结构并不相同。

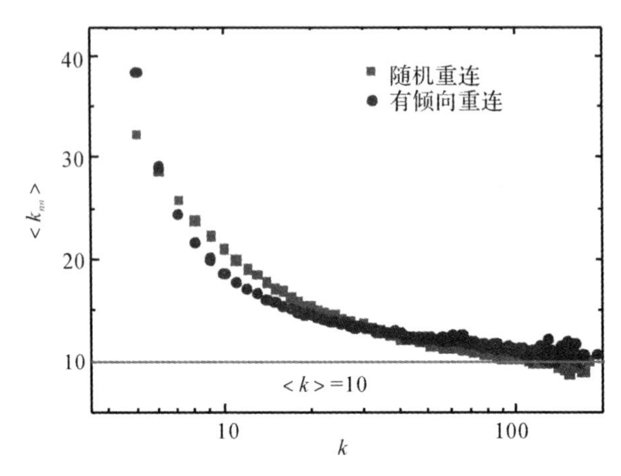

图 1.19　随机重连和有倾向重连后,$\langle k_{nn}\rangle$ 对 k 的依赖关系

那么这种拓扑结构的区别会给两种网络的动力学特性带来怎样的影响?这里采用随机行走的方法来作为研究复杂网络传输行为的方法。在每一个时间步长上,随机行走者从节点 i 到节点 j 的概率为

$$w_{ij}=\frac{k_j^{\alpha}}{\sum_{ii\in\Omega_i}k_{ii}^{\alpha}} \tag{1.39}$$

其中 Ω_i 指节点 i 的邻居的集合。令 $\alpha=-1$,则随机行走偏向于度较小的邻居。基于以上这些规则,数值模拟出稳态发生概率 P_i^{∞} 的值,即在有限时间限制下,随机行走者位于节点 i 的概率。图 1.20 表明在反匹配网络中,度较小(较大)的节点,其 P_i^{∞} 值减小(增大)。而且,图 1.20 表明,对于网络中度较大的节点,有倾向重连后的 P_i^{∞} 值大于随机重连后的 P_i^{∞} 值。

这个结果可以通过图 1.19 来解释。即随机行走更倾向于度较小的邻居,而在有倾向重连后的网络中,度小节点的邻居平均度 $\langle k_{nn}\rangle$ 大于随机重连网络中对应节点的 $\langle k_{nn}\rangle$。结果在有倾向重连网络中,随机行走者更倾向于占据度大的节点。

本节主要研究了随机重连对 BA 无标度网络和 ER 随机网络的度相关性的影响。采用三种不同的度关联系数来表征网络的度关联性。其中度相关系数 ρ 和皮尔森度相关系数 r 是用网络中所有的边求度相关,而匹配性 A 则是用两个度相等的节点之间边求度相关。前两种度相关系数的研究结果相同,即随机重连可以增强无标度网络的反匹配却对 ER 网络的度相关性没有影响。而随机重连对无标度网络和 ER 网络的匹配性 A 均没有太大影响。将两种结果进行对比,发现匹配性 A 所忽略的边会对网络的结构和性质产生很大影响。因此得出,随机重连不影响 ER 随机网络的度相关性,相反的,它可以增强无标度 BA 网络的反匹配特性。

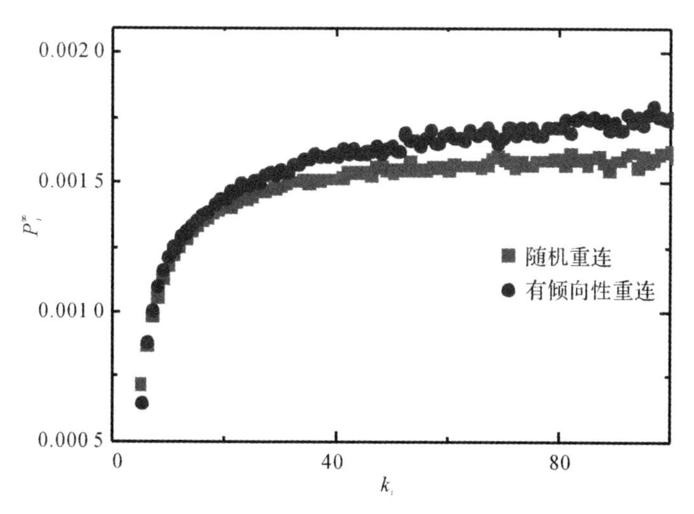

图 1.20　在随机重连和有倾向重连后，P_i^{∞} 对 k 的依赖关系

还研究了网络参数对度相关系数的影响。由于前两种度相关系数具有相似的结果，因此这里只选择了度相关系数 ρ 进行研究。结果表明在网络尺寸较大，网络分布较稀疏以及节点度差异性较大的网络中，随机重连对度相关性的影响更大。

由于有倾向重连和随机重连都可以增强 BA 网络的反匹配特性，因此将两种重连得到的网络进行对比，判断二者的拓扑结构是否存在很大的差异性。通过计算度为 k 的节点邻居的平均度 $\langle k_{nn} \rangle$ 发现，对于度较大和较小的节点，有倾向重连后 $\langle k_{nn} \rangle$ 的值较大，而度值处于中间的节点，随机重连后 $\langle k_{nn} \rangle$ 值较大。

1.4.3　度关联涌现的机制

对于多个相互作用单元组成的系统进行表示和分析的不同方法之中，复杂网络提供的方法是其中最普遍的。在过去的几年中，事实上复杂网络已经提供了对于大量的自然和人造系统的表示[78-80]，这些系统是多种多样的，涉及基因网络、蛋白质组学、代谢组学、神经疾病的研究[81]、运输网络[82]和万维网[44]。特别地，已经发现大多数的真实世界复杂网络具有一些共同的结构属性，包括小世界性质[34]、度分布的无标度特性[43]、度关联属性[70]和模块以及等级化组织[83]。

尤其引人注目的是，连接度的反匹配特性在生物网络和技术网络[26]中被广泛地观察到，它具有负的度关联属性，也就是说，具有高连接度的单元倾向于连接着具有低连接度的单元，反之亦然。在真实世界的复杂网络中存在大量反匹配网络的事实提出了一个问题，即揭示调控这种结构属性涌现的根本机制。

这一节的研究工作将说明在增长无标度网络中反匹配属性如何通过一个简单

的机制涌现出来。这里考虑网络在增长过程中一些节点可能死掉。考虑增长网络的 BA 模型，它是一个非常著名的无标度网络模型，通过优先连接机制产生具有幂律度分布的网络。然而，用 BA 模型产生的无标度网络只有微弱的度关联属性。以至于在文献中它的度关联属性经常被忽略[84]。这里将表明，修改 BA 模型使得在生长过程中一小部分节点被剪除，导致明显的负的度关联属性，即反匹配属性的涌现，同时网络的其他拓扑性质得到保存。

在展示结果之前，回顾度度关联系数的定义非常有益。关联系数的表达式是

$$r=\frac{M^{-1}\sum_i j_i k_i-\left(M^{-1}\sum_i \frac{j_i+k_i}{2}\right)^2}{M^{-1}\sum_i \frac{j_i^2+k_i^2}{2}-\left(M^{-1}\sum_i \frac{j_i+k_i}{2}\right)^2} \tag{1.40}$$

式中，M 表示网络中总的连接数量；j_i 和 k_i 是第 i 条边的两个端点的连接度，下标的取值为 $i=1,2,\cdots,M$。

图 1.21 给出了关联系数 r 作为移除节点的比例 f 的函数。原始无标度网络的尺寸是 $N=10^4$，平均度是 $\langle k\rangle=4$。在所有的图中，数据用 10^4 个独立实现进行平均。这里考虑了三种不同的移除节点的策略，分别是随机删除节点，删除连接度最小的节点，删除连接度最大的节点。可以清楚地看到，随机删除节点或者从连接度最小的节点开始删除都不能使度关联系数 r 产生明显的变化，生成的网络与 BA 网络具有相同的度关联特性。值得注意的是，如果从连接度最大的节点开始删除，度关联系数 r 的值明显地下降了。

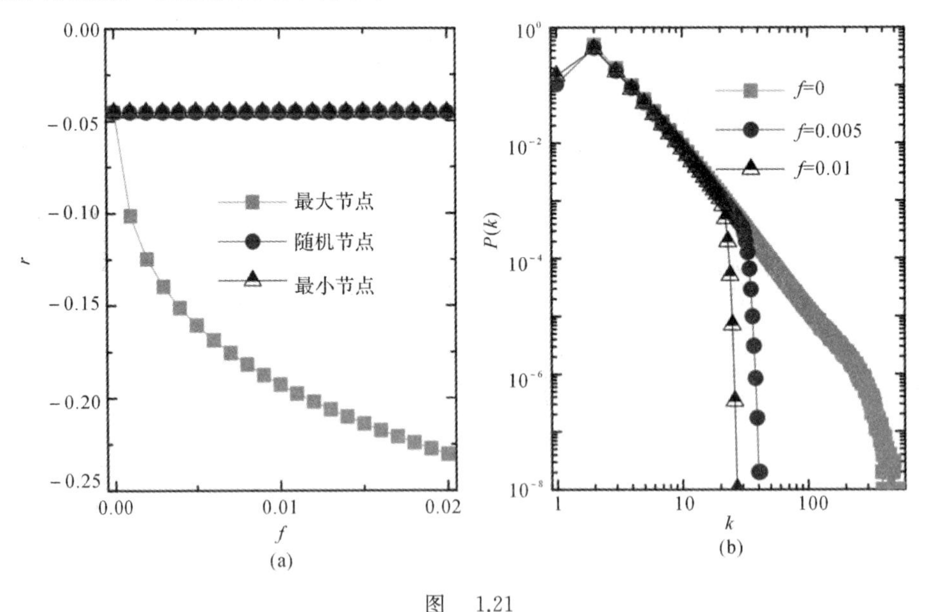

图 1.21

(a) 度关联系数 r 与删除节点比例的关系；(b) 删除最大节点以后得到的网络度分布

当网络被删除最大度节点的时候,最令人担心的网络拓扑属性的变化是网络的度分布。网络中存在丰富的高连接度节点是无标度网络的主要特性之一。删除一小部分最大度的节点同时会改变多个节点的连接度。图1.21(b)所示的模拟结果显示,度分布的截断点向左移动了,但是度分布幂律特性没有发生变化,并且度分布函数的幂指数也保持不变。图中使用的删除节点的比例分别是 $f = 0, 0.005, 0.01$。

删除最大节点导致反匹配特性的机制是鲁棒性的。图1.22给出了通过删除节点生成的网络中度关联系数 r 随着网络尺寸的变化关系。在不同尺寸的网络中,删除最大度节点的效果都是明显的。不同的网络平均度下,网络的度关联系数都被减小了。

删除最大度节点导致反匹配涌现的机制是增长无标度网络的特性。在配置网络模型中,删除最大度节点不会带来反匹配特性的涌现,尽管度分布也能保持幂律函数。

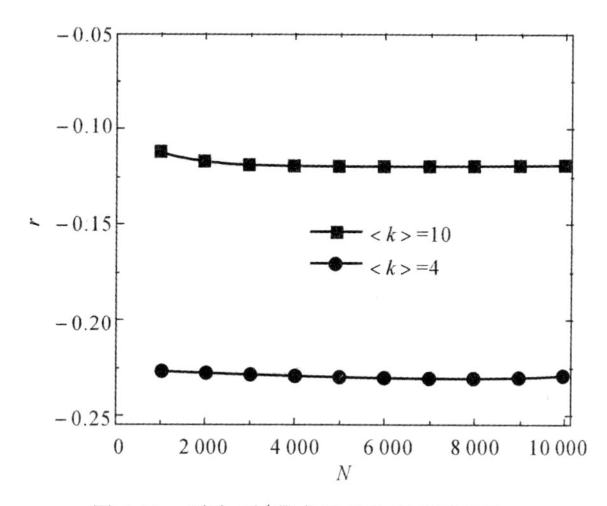

图1.22 删除2%节点以后的度关联系数 r

在BA增长网络模型上起作用的机制是否适用于真实世界中的复杂网络?为了回答这个问题,这里采用了一组万维网数据和一组因特网数据作为例子。它们是典型的技术网络,同时也是著名的无标度网络的例子。在这两组网络中,分别采用三种删除节点的策略对网络进行修改。图1.23给出了两种真实网络中度关联系数 r 随着删除节点比例的变化曲线。尽管两种网络在初始状态下都具有反匹配属性,但是随着大节点的删除,它们还是表现出了与BA模型定性一致的行为,度关联系数出现了明显的下降。并且在随机删除节点和从小到大删除节点的情况下,两种真实网络的度关联系数不发生明显的变化。这个结果也与BA模型一致。真实网络的结构属性变化与模型的预言一致。这些结果证明了删除大度节点导致了反匹配属性的产生。

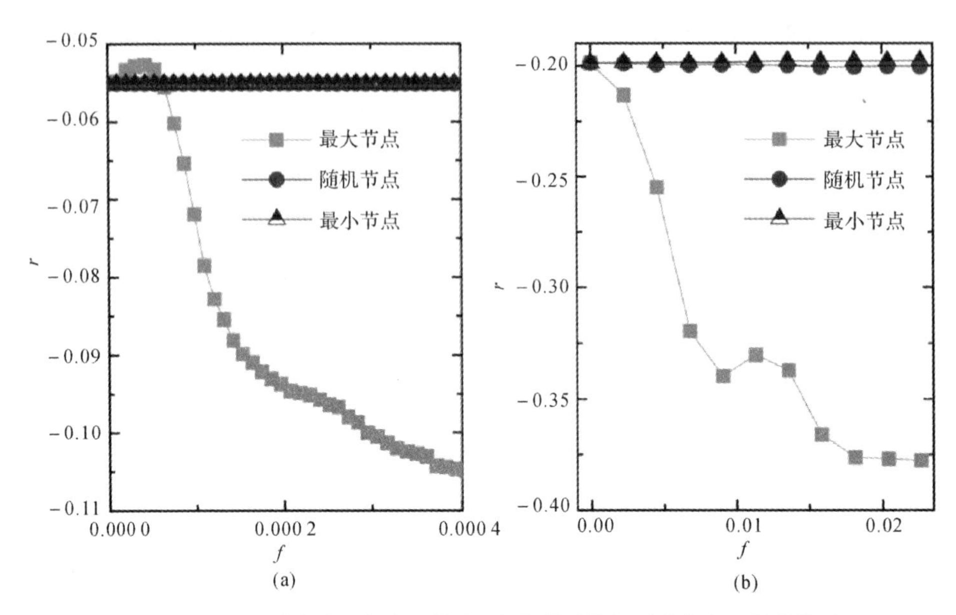

图 1.23　在两种真实无标度网络中，度关联系数与删除节点比例的关系

无标度网络的大度节点受到攻击的时候，它的结构属性是敏感的。所以有必要研究剪除大度节点以后网络的完整性是否被破坏。图 1.24 给出了网络中最大连通集团的尺寸 S 与删除节点比例 f 的关系。图中的尺寸使用网络尺寸进行了归一化，使的尺寸的取值在0到1之间。图1.24也给出了除最大连通集团之外的小集团的平均尺寸 $\langle s \rangle$。随着删除比例 f 的增加，最大连通集团尺寸 S 仅仅发生了微小的减小，同时孤立的小集团的平均尺寸保持在接近 1 的值上。所以网络没有发生破碎。

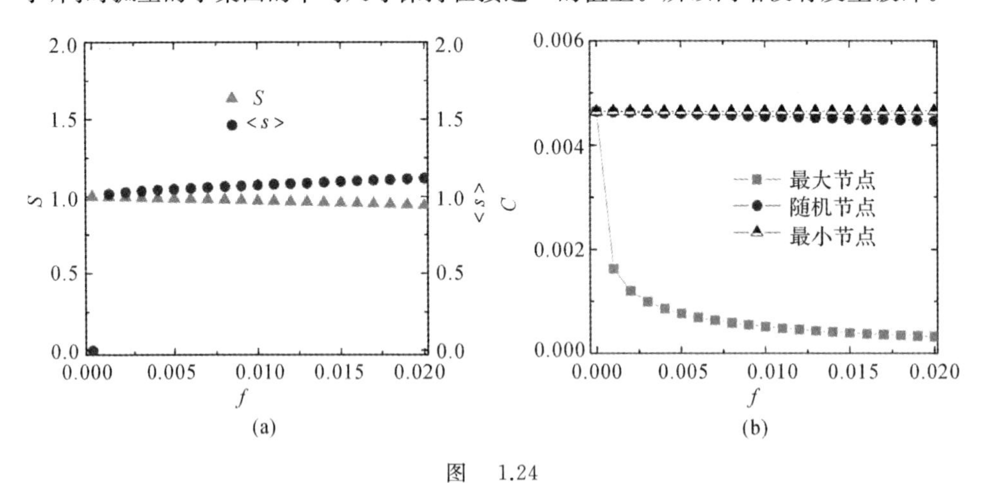

图　1.24

(a) 最大连通集团尺寸和小集团平均尺寸随着删除节点比例 f 的变化；

(b) 网络成团系数 C 随着删除节点比例 f 的变化

此外，复杂网络的另一个典型的拓扑参数是成团系数C。图1.24(b)表明成团系数C随着删除比例f的变化依赖于删除节点的策略。删除最大度的节点快速地减小了成团系数C的值。所以在增加反匹配特性的同时，网络中的三角数量被减少了。这些结果表明，删除微量大度节点以后，网络仍然由巨大连通集团组成，它的尺寸约等于N，然而它的成团系数更低。

如何理解反匹配属性涌现的内部机制呢？为了深入理解这种机制，可以分析网络中不同节点的邻居的统计性质。首先要分析的是节点邻居的平均度。这里用符号k_i^n表示节点i的第n个邻居，用符号$\langle k_i^n \rangle$表示节点i的邻居的平均度。节点i的连接度k_i与它的邻居平均度$\langle k_i^n \rangle$的关系可以反映出网络的匹配特性。通过推导最大节点的邻居的度，可以分析最大节点及其邻居对于度关联系数的贡献。

利用连续理论，可以推出最大节点的邻居的度k_l^n的分布，用符号$P(k_l^n)$表示这个分布。下标l表示最大节点。在BA网络中，节点i的度k_i的演化遵守方程

$$\frac{\mathrm{d}k_i}{\mathrm{d}t}=m\frac{k_i}{2mt} \tag{1.41}$$

其中，m是新节点引入的连接数。把节点i进入网络的时刻记为t_i。使用初始条件

$$k_i(t_i)=m \tag{1.42}$$

上述方程的解为

$$k_i(t)=m\left(\frac{t}{t_i}\right)^{\beta} \tag{1.43}$$

这里的指数是$\beta=1/2$。于是节点i的度k_i按照一个幂律函数演化，它的值取决于比值t/t_i。在节点i被加入到网络中的时刻t_i，它与最大度节点之间建立连接的概率为

$$\Pi_i(k_l)=m\frac{k_l(t_i)}{2mt_i} \tag{1.44}$$

其中的k_l是最大度节点在t_i时刻的值。根据度k_i的演化公式，可以得到k_l的表达式：

$$k_l(t_i)=m\left(\frac{t_i}{t_l}\right)^{\beta} \tag{1.45}$$

随后节点i作为最大节点的邻居的演化方程为

$$k_l^n(i,t)=k_i(t)\Pi_i(k_l)=\frac{m^2t^{\beta}}{2(t_l)^{\beta}}t_i^{-1} \tag{1.46}$$

所以这个近邻度$k_l^n(i,t)<k$的概率为

$$P[k_l^n(i,t)<k]=P\left(t_i>\frac{m^2t^{\beta}}{2(t_l)^{\beta}}k^{-1}\right) \tag{1.47}$$

或者等价于

$$P\left(t_i > \frac{m^2 t^\beta}{2(t_l)^\beta} k^{-1}\right) = 1 - \frac{m^2 t^\beta}{2(t_l)^\beta k_l} k^{-1} \tag{1.48}$$

最终近邻度的分布如下：

$$P(k_l^n) = \frac{\partial P[k_l^n(i,t) < k]}{\partial k} = \frac{m^2 t^\beta}{2(t_l)^\beta k_l} k^{-2} \tag{1.49}$$

这个近邻度的分布 $P(k_l^n)$ 是一个幂函数，它的衰减指数是 -2。这个结果与 BA 网络中通过数值模拟得到的结果一致。这个数值结果如图 1.25 所示。

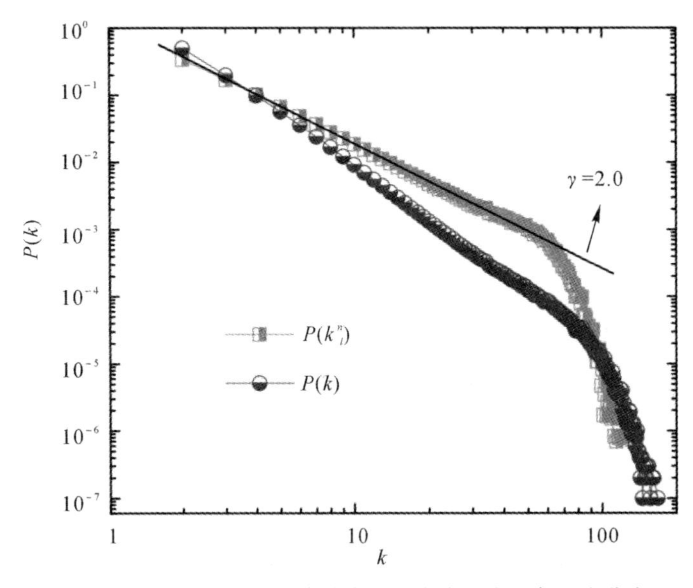

图 1.25　网络中节点的度分布和最大度节点的邻居度分布

使用这个分布可以进一步推出最大度节点及其邻居在网络度关联系数中的贡献。度关联系数的定义为

$$r = \overline{jk} - \overline{j}\,\overline{k} \tag{1.50}$$

其中 j 和 k 表示一条连接的两个端点的度。字母上面的横线表示对于所有连接做平均。现在把第二项表示为

$$E = \overline{j}\,\overline{k} = \left[\sum\nolimits_k k q_k\right]^2 \tag{1.51}$$

其中

$$q_k = \frac{kP(k)}{\sum_k kP(k)} \tag{1.52}$$

是随机选择一条连接，它的端点的度所满足的分布。使用 BA 网络的度分布

$$P(k) = 2m^2 k^{-\gamma} \quad (\gamma = 3) \tag{1.53}$$

可以得

$$E = m^2 (\ln k_l)^2 \tag{1.54}$$

把节点 i 对于度关联系数 r 的贡献记为 R_i，它可以表示为

$$R_i = \frac{1}{2M} \sum_{k_i^n} k_i k_i^n - k_i \frac{E}{2M} = \frac{1}{2M} k_i \quad (k_i < k_i^n > - E) \tag{1.55}$$

其中 k_i^n 是节点 i 的度，M 是网络中的总连接数。

对于最大度节点来说邻居的平均度可以使用邻居度的分布计算出来，相应的可以得

$$R_l = \frac{m k_l \ln k_l}{2M} (k_l - m \ln k_l) \tag{1.56}$$

从这个公式容易判断，最大度节点对于度关联系数的贡献 R_l 是大于0的。所以移除这种点，网络整体的度关联系数 r 会下降。

以上结果表明修改倾向性连接的无标度网络模型，使得网络中少量的大度节点被移除，导致了网络中出现反匹配属性。

在网络的增长过程中删除一些大度的节点也可以达到相似的效果。例如在一个BA网络模型中，当一个节点的连接度超过一个阈值 k_{th} 时以一定的概率删除它，可以实现增长过程中剪除节点的操作。图1.26给出了产生的网络的度关联系数 r 与阈值 k_{th} 的函数关系，以及不同阈值下得到网络度分布。网络的度关联系数被减小了，同时网络的度分布保持了幂律函数。

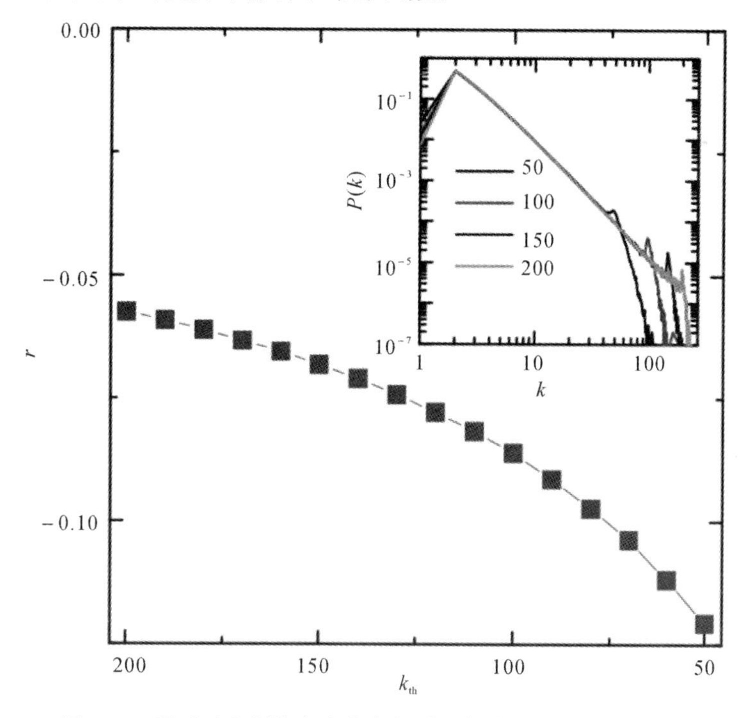

图1.26 通过动态删除大度节点得到的度关联系数以及度分布

参考文献

[1] Ashby W R. Design for a Brain[M]. 2ed. New York: Wiley, 1960.

[2] Block H D. The perceptron: a model for brain functioning[J]. Rev Mod Phys, 1962, 34(1):123-135.

[3] Rosenblatt F.Principles of Neurodynamics: Perceptions and the Theory of Brain Mechanisms[M]. New York: Spartan Books, 1962.

[4] Freeman W. Progress in Theoretical Biology [M]. New York: Academic, 1972.

[5] Freeman W. Neurodynamics: An Exploration in Mesoscopic Brain Dynamics[M]. New York: Springer, 2000.

[6] Rabinovich M I, Varona P, Selverston A I, et al. Dynamical principles in neuroscience[J]. Reviews of Modern Physics, 2006, 78(4):12-13.

[7] Andronov A, Vitt A, Khaikin S. Theory of Oscillations[M]. Princeton: Princeton University Press, 1949.

[8] Poincaré A. Le Valeur de la Science[M]. Paris: Flammarion, 1905.

[9] Hodgkin A L, Huxley A F. A quantitative description of membrane current and its application to conduction and excitation in nerve[J]. J Physiol, 1952, 117:500.

[10] Koch C. Biophysics of Computation[M]. New York: Oxford University Press, 1999.

[11] Vogels T, Rajan K, Abbott L. Neural network dynamics[J]. Annual Review of Neuroscience, 2005, 28:357.

[12] Selverston A, Rabinovich M, Abarbanel H, et al. Reliable circuits from irregular neurons: a dynamical approach to understanding central pattern generators[J]. J Physiol, 2000, 94:357.

[13] Selverston A. A neural infrastructure for rhythmic motor patterns[J]. Cell Mol Neurobiol, 2005, 25:223.

[14] Loebel A Tsodyks M. Computation by ensemble synchronization in recurrent networks with synaptic depression[J]. J Comput Neurosci, 2002, 13:111.

[15] Elhilali M, Fritz J B, Klein D J, et al. Dynamics of precise spike timing in primary auditory cortex[J]. J Neurosci, 2004, 24(5):1159-1172.

[16] Persi E, Horn D, Volman V, et al. Modeling of synchronized bursting events: the importance of inhomogeneity[J]. Neural Comput, 2004, 16(12):2577-2595.

[17] Hopfield J J. Brain, neural networks, and computation[J]. Rev Mod Phys, 1999, 71(2):S431-S437.

[18] Hopfield J J. Neural networks and physical systems with emergent collective computational abilities[J]. Proc Natl Acad Sci, 1982, 79(8): 2554-2558.

[19] Cohen M A, Grossberg S. Absolute stability of global pattern formation and parallel memory storage by competitive neural networks[J]. IEEE Trans Syst Man Cybern, 1983, 13:815.

[20] Waugh F R, Marcus C M, Westervelt R M. Fixed-point attractors in analog neural computation[J]. Phys Rev Lett, 1990, 64(16):1986-1989.

[21] Doboli S, Ali A Minai, Phillip J Best. Latent attractors: a model for context-dependent place representations in the hippocampus[J]. Neural Comput, 2000, 12(5):1009-1043.

[22] Arbib M A, Érdi P, Szentágothai J. Neural Organization: Structure, Function, and Dynamics[M]. Cambridge: MIT Press, 1997.

[23] Wilson H R. Spikes, Decisions, and Actions[M]. New York: Oxford University Press, 1999.

[24] Hebb D O. The Organization of Behavior[M]. New York: Wiley, 1949.

[25] Martin S J, Grimwood P D, Morris R G M. Synaptic plasticity and memory: an evaluation of the hypothesis [J]. Annual Review of Neuroscience, 2000, 23(1):649-711.

[26] Newman M E J. The structure and function of complex networks[J]. SIAM Review, 2003, 45:167.

[27] Strogatz S H. Exploring complex networks[J]. Nature, 2001, 410(6825): 268-276.

[28] Albert R, Barabási A L. Statistical mechanics of complex networks[J]. Rev Mod Phys, 2002, 74(1):47-97.

[29] Dorogovtsev S N, Mendes J F F. Evolution of networks[J]. Advances in Physics, 2002, 51(4):1079-1187.

[30] Boccaletti S, Latora V, Moreno Y, et al. Complex networks: structure and dynamics[J]. Physics Reports, 2006, 424(4-5):175-308.

[31] Cormen T H, Leiserson C E, Rivest R L, et al. Introduction to algorithms[J]. Cambridge: MIT Press, 2001.

[32] Newman M E J. Scientific collaboration networks. ii. shortest paths, weighted networks, and centrality[J]. Phys Rev E, 2001, 64:016132.

[33] Wasserman S, Faust K. Social Networks Analysis[M]. Cambridge: Cambridge University Press, 1994.

[34] Watts D J, Strogatz S H. Collective dynamics of 'small-world' networks [J]. Nature, 1998, 393:440 – 442.

[35] Erdös P, Rényi A. On random graphs[J]. Publ Math Debrecen, 1959, 6:290.

[36] Stephan K E, Hilgetag C C, Burns G A P C, et al. Computational analysis of functional connectivity between areas of primate cerebral cortex [J]. Philosophical Transactions of the Royal Society of London. Series B: Biological Sciences, 2000, 355(1393):111 – 126.

[37] Sporns O, Tononi G, Edelman G M. Theoretical neuroanatomy: relating anatomical and functional connectivity in graphs and cortical connection natrices[J].Cereb Cortex, 2000, 10(2):127 – 141.

[38] Sporns O, Zwi J D. The small world of the cerebral cortex [J]. Neuroinformatics, 2004, 2(2):145 – 162.

[39] Hilgetag C C, Kaiser M. Clustered organization of cortical connectivity [J]. Neuroinformatics, 2004, 2(3):353 – 360.

[40] Shefi O, Golding I, Segev R, et al. Morphological characterization of in vitro neuronal networks[J]. Phys Rev E, 2002, 66(2): 021905.

[41] Lago-Fernández L F, Huerta R, Corbacho F, et al. Fast response and temporal coherent oscillations in small-world networks [J]. Phys Rev Lett, 2000, 84(12):2758 – 2761.

[42] Percha B, Dzakpasu R, Zochowski M, et al. Transition from local to global phase synchrony in small world neural network and its possible implications for epilepsy[J]. Phys Rev E, 2005, 72(3):031909.

[43] Barabási A L, Albert R. Emergence of scaling in random networks[J]. Science, 1999, 286(5439):509 – 512.

[44] Albert R, Jeong H, Barabási A L. Internet: diameter of the world-wide web[J]. Nature, 1999, 401(6749):130 – 131.

[45] Barabási A L, Albert R, Jeong H. Scale-free characteristics of random

networks: the topology of the world-wide web[J]. Physica A: Statistical Mechanics and its Applications, 2000, 281(1-4):69-77.

[46] Broder A, Kumar R, Maghoul F, et al. Graph structure in the web[J]. Computer Networks, 2000, 33(1):309-320.

[47] Redner S. How popular is your paper? An empirical study of the citation distribution[J]. European Physical Journal B, 1998(4):131-134.

[48] P O Seglen. The skewness of science[J]. J Amer Soc Inform Sci 1, 1992, 43:628-638.

[49] Chen Q, Chang H, Govindan R, et al. The origin of power laws in internet topologies revisited[C]// Proceedings of the 21st Annual Joint Conference of the IEEE Computer and Communications Societies[C]. New York: IEEE Computer Society, 2002.

[50] Faloutsos M, Faloutsos P, Faloutsos C. On power-law relationships of the internet topology[J]. SIGCOMM Comput Commun Rev, 1999, 29(4):251-262.

[51] Vázquez A, Pastor-Satorras R, Vespignani A. Large-scale topological and dynamical properties of the internet [J]. Phys Rev E, 2002, 65(6):066130.

[52] Jeong H, Mason S P, Barabási A L, et al. Lethality and centrality in protein networks[J]. Nature, 2001, 411(6833):41-42.

[53] Jeong H, Tombor B, Albert R, et al. The large-scale organization of metabolic networks[J]. Nature, 2002, 407(6804): 651-654.

[54] Martin R, Kaiser M, Andras P, et al. Is the brain a scale-free network [C]// Tokyo: Abstr. 31st Soc. Neurosci. Annual Meeting, 2008.

[55] Eguiluz V M, Chialvo D R, Cecchi G A, et al. Scale-free brain functional networks[J]. Phys Rev Lett,2005, 94(1):018102.

[56] Newman M E J. Assortative mixing in networks[J]. Phys Rev Lett, 2002, 89(20):208701.

[57] Milo R, Shen-Orr S, Itzkovitz S, et al. Network motifs: simple building blocks of complex networks[J]. Science, 2002, 298(5594):824-827.

[58] Itzkovitz S, Milo R, Kashtan N, et al. Subgraphs in random networks[J]. Phys Rev E, 2003, 68(2):026127.

[59] Itzkovitz S, Alon U. Subgraphs and network motifs in geometric networks [J]. Phys Rev E, 2005, 71(2):026117.

[60] Kashtan N, Itzkovitz S, Milo R, et al. Topological generalizations of network motifs[J]. Phys Rev E,2004, 70(3):031909.

[61] Ravasz E, Barabási A L. Hierarchical organization in complex networks [J]. Phys Rev E, 2003, 67(2):026112.

[62] Radicchi F, Castellano C, Cecconi F, et al. Defining and identifying communities in networks[J]. Proc Natl Acad Sci, 2004, 101(9):2658-2663.

[63] Reichardt J, Bornholdt S. Detecting fuzzy community structures in complex networks with apotts model[J]. Phys Rev Lett, 2004, 93 (21):218701.

[64] Newman M E J, Girvan M. Finding and evaluating community structure in networks[J]. Phys Rev E, 2004, 69(2):026113.

[65] Newman M E J. Detecting community structure in networks[J]. The European Physical Journal B, 2004, 38(2):321-330.

[66] Danon L, Diaz-Guilera A, Duch J, et al. Comparing community structure identification [J]. Journal of Statistical Mechanics: Theory and Experiment, 2005(9):P09008.

[67] Xulvi-Brunet R, Sokolov I M. Reshuffling scale-free networks: From random to assortative[J]. Phys Rev E, 2004, 70:066102.

[68] Larremore D B, Shew W L, Restrepo J G. Predicting criticality and dynamic range in complex networks: effects of topology[J]. Phys Rev Lett, 2011, 106(5):058101.

[69] Maslov S, Sneppen K. Specificity and stability in topology of protein networks[J]. Science, 2002, 296:910-913.

[70] Newman M E J. Assortative mixing in networks[J]. Phys Rev Lett, 2002, 89:208701.

[71] 屈静，王圣军. 有倾向性重连产生的反匹配网络[J]. 物理学报，2015，64(19)：0198901.

[72] Dorogovtsev S N, Ferreira A L, Goltsev A V, et al. Zero Pearson coefficient for strongly correlated growing trees[J]. Phys Rev E, 2010, 81: 031135.

[73] Network data, Newman M E J. http://www-personal.umich.edu/~mejn/ netdata/.

[74] Zhou S, Mondragón R J. Structural constraints in complex networks[J]. New J Phys, 2007, 9:173.

[75] Zhang G Q, Yang Q F, Cheng S Q, et al. Evolution of the Internet and its cores[J]. New J Phys, 2008, 10:123027.

[76] Maslov S, Sneppen K, Zaliznyak A. Detection of topological patterns in complex networks: correlation profile of the internet[J]. Physica A, 2004, 333: 529-540.

[77] Qu J, Wang S J, Jusup M, et al. Effects of random rewiring on the degree correlation of scale-free networks[J]. Scientific Reports, 2015, 5: 15450.

[78] Barabási A L, Oltvai Z N. Network biology: understanding the cell's functional organization[J]. Nat Rev Gen, 2004, 5:101-113.

[79] Boccaletti S, et al. The structure and dynamics of multilayer networks[J]. Phys Rep, 2014, 544(1):1-122.

[80] Kim H, del Genio C I, Bassler K E, et al. Constructing and sampling directed graphs with given degree sequences[J]. New J Phys, 2012, 14:023012.

[81] Bullmore E, Sporns O. Complex brain networks: graph theoretical analysis of structural and functional systems[J]. Nat Rev Neurosci, 2009, 10: 186-198.

[82] Cardillo A, et al. Emergence of network features from multiplexity[J]. Sci Rep, 2013, 3:1344.

[83] Wang S J, Zhou C S. Hierarchical modular structure enhances the robustness of self-organized criticality in neural networks[J]. New J Phys, 2012, 14:023005.

[84] Wang S J, Wang Z, Jin T, et al. Emergence of disassortative mixing from pruning nodes in growing scale-free networks[J]. Scientific Reports, 2014, 4: 7536.

第2章 神经网络中的同步

2.1 普遍存在的同步问题

2.1.1 非线性科学中的同步

同步现象在科学、自然、工程、社会生活中都大量存在。在同步现象中，个体是相似的但是存在差别，它们几乎是独立的，通过微弱的甚至难以察觉的相互作用耦合在一起。这种相当独立的个体的行为所达到的一致性，吸引了早期观察者的注意。随着人造的具有振荡活动的设备的出现，这种现象得到了细致的认识。在从摆钟到乐器、电子管振荡器、电力系统和激光等大量系统中都发现了同步现象，并对它们进行了细致的研究。而且已经发现了同步现象在电学和力学工程中的许多实际应用。

为了说明同步作为非线性科学研究对象的特点，下面介绍历史上几个重要的发现。更详细的介绍可以参考文献[1]。

Huygens 被认为是第一个观察描述了同步现象并且正确认识了同步现象的科学家。1673 年，Huygens 简短地但是非常准确地描述了他观察到的同步现象。他观察到，将两个钟固定在一根木梁上则两个钟摆以相反的方向摆动。它们的摆动符合得很好，以至于总是同时听到钟表的声音。给它们一点扰动，这种运动状态很快又会恢复。Huygens 发现产生这种现象的原因是横梁的运动，只有当两个钟摆精确地以相反方向摆动，横梁的运动才会完全停止，两个钟摆才能互不影响的稳定运动。

19 世纪，瑞利在它的著作《声音的理论》中描述了声学系统中的同步。同一个音的管风琴管并排立着，在复杂的声音结构以外，它们也可以一致发声。在极端的情况下，两个管可以相互减弱变安静。瑞利不仅观察到了两个有区别但是相似的管在进入一致发声时的相互共振，也观察到了耦合发挥抑制振荡的作用时表现出的振荡熄灭(quenching，又称 oscillation death)效应。

电子和无线电工程的发展带来了同步研究的一个新的阶段。1920 年，Eccles 和 Vincent 发现了三极真空管发生器的同步属性。在他们的实验中，Eccles 和

Vincent 把两个频率稍有不同的发生器耦合在一起,证明了耦合强迫系统以一个共同的频率振动。Appleton 和 van de Pol 复制并扩展了 Eccles 和 Vincent 的实验,并且迈出了对这个现象进行数学研究的第一步。因为三极真空管发生器变成了无线电通信系统的基本部件,这些研究获得了重大的实际意义。这个系统中的同步现象被用于在一个低功率但是高精度的发生器帮助下,稳定一个大功率发生器的频率。

生命系统中的同步也已经被发现了有几百年了。1729 年,de Mairan 报道了用一株扁豆进行的实验。他观察到这个植物的叶子随着日夜交替而上下活动。在暗室中,失去了光照的变化,叶子仍然会活动。现在已经清楚地知道所有的生物系统都有内在的生物钟,提供日夜交替的信息。如果系统从环境中完全隔离出来,那么内在周期可以本质上不同于 24 h。在存在外界周期影响的情况下,生物钟可以调节生理节奏适应外界信号。另一个生命系统的例子是,1680 年一位内科医生记录了萤火虫同步闪光的现象。

不同系统中的同步现象有很大差别,但是同步可以使用一个基于现代非线性动力学的共同框架来理解。上述所有系统以及许多其他系统具有一个共同的特征:它们本身产生有节律的振荡。通常这些对象不是从它们的环境中孤立出来的,而是与其他对象相互作用,换句话说它们是开系统。这个相互作用可以是非常微弱的,有时难以察觉,但是它常常引起一个定性的转变:一个对象调节它的节律与其他对象的节律达到一致。这种归因于相互作用的节律调整是同步的本质。

对生命系统进行数学描述是困难的。但是对于一些工程系统,可以通过精确的数学模型加以描述,例如三极真空管发生器电路。同步现象从而得到了理论的研究。随着计算机在非线性科学中的应用,同步的模型研究获得了进一步发展。计算机的应用造成了混沌系统之间的同步现象的发现,并促进了深入的研究。1984 年,Kuramoto 发展了一个相位近似方法,它允许对于弱耦合振荡系统进行普遍的描述。

从非线性动力学的观点来看,同步包括振子与驱动力的同步、两个或多个振子的同步和混沌系统的同步。已经被发现的同步活动形式也是多种多样,从基本的完全同步、相同步到复杂的投射同步、预报同步等。同步过程中的细节也被大量研究,如转变规律和成团。作为不可忽视的扰动因素,噪声的影响在各种同步问题中也被详细地讨论了。近十年来,在多个体之间同步问题中也广泛讨论了网络结构的影响[2]。

随着科学的发展,观察的领域进一步扩大,精度进一步提高。科学家在更多的地方发现了同步现象。现在同步研究的重心已经向着生物系统转移。在生物系统中会在不同的水平上遇到同步,例如细胞核的同步变化,神经元的同步放电,心率随着呼吸或运动节律的调整,昆虫、动物甚至人类之间合作行为的不同形式。对这些同步现象的研究仍然在大量的使用非线性动力学的方法。

下面将介绍神经系统中同步研究的问题和意义。

2.1.2 神经系统中的同步

在神经系统中的很多地方神经同步被观察到了[3]，尤其是在感觉系统中，例如，嗅觉系统和视觉系统。神经系统中同步的功能性作用与信息的传递、整合有关。

由于感觉系统的组织结构是分布式的，对象的特征即使是基本特征也被并行地在不同的特定皮层区域处理。在感觉系统中对象的表示需要整合不同皮层区域对于这个对象的不同特征的响应。这种形态之间的整合必须通过一种允许不同形态感觉信号之间进行绑定的机制被执行。因为现在遇到的很多对象是涉及多个感觉的，它们可能以多种组合拥有视觉的、听觉的、触觉的和嗅觉的属性，所以绑定问题是神经活动中一个很普遍的问题。简单地说，绑定问题是对一个对象进行关联表示，即结合全部特征(形状，颜色，位置，速度，等)，所需要的机制。另外，在感觉处理的所有层次上，神经活动被自上而下的注意机制所塑造，注意机制以一种依赖于期望和知识的方式动态地选择并绑定感觉信号。最后，为了实现感觉-运动协作的多功能性，需要感觉和运动区域之间的动态和可靠的绑定。

神经元放电的瞬时同步被认为是一个动态的将分布在远距离上的神经元集合绑定到功能关联集合中的可能的机制。功能关联是表示认知内容或实现运动的神经关联。这个假设得到的实验支持是来自视觉系统中绑定问题的研究。神经同步看起来和分布式神经活动的大尺度整合也有关，因为同步的发生可以包括远距离的皮层。例如，被任务和注意力调节的跨过两个脑半球的视觉区域神经活动。此外，结合非介入记录技术例如脑电图(EEG)和脑磁图(MEG)与时间序列分析方法，在人类身上进行的研究已经揭示出神经同步与认知功能有关，而且它要求在大尺度上对分布式的神经活动进行整合。例子是注意力依赖的刺激选择，多形态整合，记忆以及对刺激的有意识的处理[4]。在这些研究中同步都与神经元响应的振荡斑图有关，振荡常常在 beta(15～30Hz)和 gamma(30～80Hz)频率区间。后续的研究已经指出这种高频率的振荡对支持神经元放电的精确同步是尤其有效的。一般来说，被观察到的参与同步的单元之间的距离与它们的频率之间存在关联。短距离的同步倾向于发生在高频率(gamma -波段)波段，而长距离同步在 beta 波段较明显，也会在 theta(4～8Hz)和 alpha(8～12Hz)频率范围出现。

神经同步不仅与认知功能有关，而且它在与运动相关的神经活动的时间斑图中也起着主要的作用。例如，有证据表明在运动的准备阶段出现 beta 波同步活动。然而，在运动的执行中，这个 beta 波同步消失而 gamma 波同步出现。这些与运动有关的同步现象广泛地存在于分布式网络中。

神经系统中的同步现象与认知障碍和病理生理也有紧密的关系[5]。

精神分裂症中的同步：目前关于精神分裂症的理论认为其机制的核心归因于分布处理中的整合存在缺陷。这个缺陷的起因有多种，既可能涉及多个皮层区域又可能与特定认知缺陷有关。一些这样的缺陷影响脑功能，例如记忆、注意力和知觉的组织。这种缺陷被认为涉及高频振荡活动中的同步。

脑电图研究支持这个假设。精神分裂症与被削弱的神经同步有关。通过检验患者对重复刺激的视觉和听觉响应，已经揭示出 beta 和 gamma 频率段的功率下降，而低频的功率没有下降。这可能是因为刺激引发的高频振荡的同步减弱，或神经元跟不上高的刺激速率。

在振荡活动的功率谱研究以外，有一些研究已经检查了当病人执行认知任务时，分布神经元群体之间的相同步。有研究证明了精神分裂症中受损的神经同步和特定的认知缺陷之间有紧密的关系，表明在精神分裂症病人中大尺度同步受到了决定性的破坏了，而局部同步在很大程度上是没受影响的。

总之，有坚实的证据证明神经同步在精神分裂症病人中受损。这个损害对 beta 和 gamma 频率的振荡活动和长距离高频振荡的同步尤其显著。在这个频率区间的振荡同步与认知功能有关，它在精神分裂症病人中被打乱了。可以想象受损的同步与精神分裂症的症状之间的关系不仅仅是相关。解剖连接和神经递质系统的数据建议了受损神经同步的几个可能的原因，但是需要更加细致的研究去分辨什么是原因和什么是效应。

癫痫中的同步：癫痫症指的是一组差异性很大的神经活动的无序，可以由不同的原因造成并有不同的症状。传统地，癫痫被假设为是反常的——太高的、范围太大的——神经同步的结果。

有多种可能导致反常同步的因素，从结构损害到反常代谢状态都有可能。在局限性发作(focal epilepsy)中，发作可以被限制在一个区域，这导致特定的认知和运动症状。与此不同的，在大发作无序(grand-malepilepsy)中，反常同步趋于传播到整个大脑皮层。在小发作(absence seizures)中，高同步的低频振荡由丘脑-皮层-丘脑组成的环产生，导致所有高级认知功能的崩溃。

与神经响应的同步在信号传递和信息处理中发挥重要作用的证据一起，这些反常同步与神经功能崩溃之间明确的关系有力地支持这样一个假设：神经活动斑图的相关与退相关之间的精确的平衡对于正常的脑功能是至关重要的。

自闭症中的同步：与精神分裂症的研究相似，与自闭症有关的认知障碍的理论强调在认知的整合机制中存在缺陷。现在的理论和实验数据支持同一个观点：在自闭症中整合机制障碍可能是神经同步减弱的结果。最近的功能核磁共振和脑电图研究支持这个观点。

阿尔茨海默氏病中的同步：阿尔茨海默氏病影响着 65 岁以上世界人口的近

11%。阿尔茨海默氏病患者的脑电图的特点是 theta 和 delta 波段活动的相对增强同时有 alpha 和 beta 波段活动的减弱。这个不同频率波段的功率改变与同步的受损有关。从位置上来看,同步的减小在长程同步中更显著。

帕金森氏病中的同步:帕金森氏病的症状是运动缺陷。最近的研究已经证明在 beta 频率波段振动的大尺度同步和运动障碍之间存在特定的关系。脑电图和脑磁图记录提供的数据表明帕金森氏病中长程同步在 beta 波段增强。

2.2 神经放电活动的同步

本节使用具有生物真实性的神经元模型,研究网络中神经元放电的同步。下面关注耦合效能对同步的影响。

2.2.1 耦合效能对同步性的影响

前面已经介绍了,神经活动中精确调节的相关与退相关的平衡对于正常的脑功能是至关重要的。神经元的同步一方面在神经信息的传递与整合中起着不可缺少的作用,一方面过强的同步又与一些疾病有关。很久以来,过强的同步就被认为是引起癫痫症的原因。尽管有一些研究认为这个图像过于简单了,例如:一些类型的癫痫发作前会观察到同步的降低[6],但是同步在发作中的作用仍然是被公认的。于是,理解同步的机制可能是描述神经系统工作方式的一个重要步骤。这个问题已经激励了很多理论和数值模拟工作,例如网络拓扑结构的影响[7-9]和突触耦合的动力学属性的影响[10,11]。

最近有研究表明突触耦合的响应时间影响非局域耦合的 Hodgkin-Huxley (HH)神经元网络中同步态的稳定性[10]。如果突触耦合的响应时间比较慢,那么在用兴奋性耦合构成的网络中同步活动是不稳定的。然而,这种影响的内部机制是不清楚的。在实验研究中,已经有证据表明突触传递的低效能有益于癫痫形式的神经元同步的产生[12]。使用一个细致的计算模型进行的数值研究揭示出当兴奋突触被减弱的时候会出现癫痫样的神经活动,这个结果被动物脑组织中进行的实验证实[13]。根据被普遍接受的假设,神经元活动的同步是发作的基础,所以突触效能影响同步的机制对于理解癫痫发作中神经系统的工作方式是有用的。

在本章中,使用数值的方法研究 HH 神经元网络中突触效能影响放电同步的动力学机制。为了进行这个研究,首先研究一个 HH 神经元响应兴奋性刺激的动力学,然后研究发现的响应机制对于网络中同步性的影响。

2.2.2 神经元和耦合模型

HH 神经元模型 1952 年,Hodgkin 和 Huxley 用乌贼体内一种体积巨大的神经细胞进行实验,发现了细胞膜上的三种离子电流:钠离子电流、钾离子电流和主要由 Cl^- 离子构成的漏电电流。依赖于电压的特殊的离子通道(一种是钠离子的和另一种是钾离子的)控制着离子透过细胞膜的运动。漏电流考虑的是其他没有被明确描述的通道类型。这些通道的数学描述很好地再现了神经元的基本行为即动作电位发放(为了简单,此后称之为放电)。HH 模型是基于膜通道的神经元模型的一个范例。参考文献[14]提供了关于 HH 神经元的一个很好的总结。这一部分简单地介绍 HH 模型的数学描述和动力学性质。

图 2.1 可以用来帮助理解 HH 模型。半透性的细胞膜把细胞内部与细胞外部的液体分开。从电学观点来看细胞膜起到了一个电容器的作用。如果一个输入电流 $I(t)$ 被注入到细胞内部,它可能进一步给电容器增加电荷,也可能通过细胞膜上的通道漏出来。因为细胞膜对离子的主动传输,所以细胞内的离子浓度不同于细胞外液体的离子浓度。在没有扰动的情况下,细胞将通过膜的选择性透过性调节到离子分布不均匀的状态,细胞内部 K^+ 浓度高,外部 Na^+ 浓度高,并且细胞内部聚集了更多带负电荷的阴离子。离子浓度的差导致的电势可以用一个电池表示。神经元的数学描述可以简述如下。

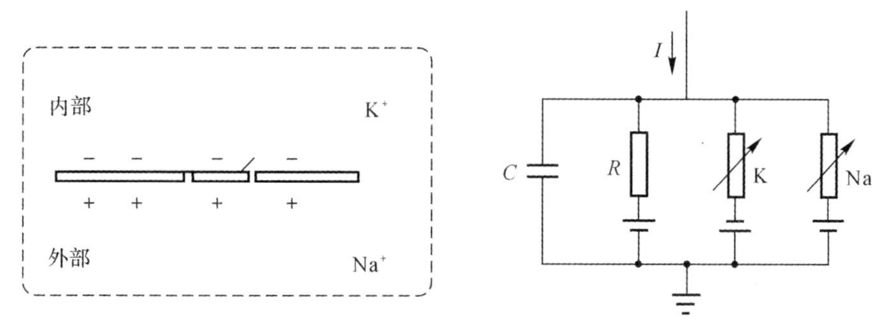

图 2.1 HH 模型示意图

穿过细胞膜的电流包括两部分:离子通道电流 I_{ion} 和外界输入电流 I_{ext}。因为细胞膜两侧聚集了正负电荷,可以看作一个电容器,所以细胞膜内外两侧的电位差满足方程:

$$C\frac{\mathrm{d}V}{\mathrm{d}t}=I_{\text{ion}}+I_{\text{ext}} \tag{2.1}$$

细胞膜内电位减去细胞外液的电位,被称为膜电位。在没有刺激输入的情况下,因为内部聚集了更多负电荷,所以膜电位小于 0。根据膜电位的定义,指向细胞内部的方向为透过膜的电流的方向。

在 HH 模型中,考虑了三种类型的离子通道。所有通道的特征都能够被它们的电阻,或者等价地被它们的电导所描述。漏电通道被一个与电压无关的电导描述：

$$g_l = 1/R \tag{2.2}$$

另外两种离子通道的电导依赖于膜电位和时间。如果所有通道都打开，它们分别以最大电导 g_{Na} 或 g_K 传导 Na^+ 离子电流和 K^+ 离子电流。然而正常情况下，一部分通道是关闭的。通道打开的概率用附加的变量 m，h 和 n 来描述，被称为门变量。m 和 h 组合起来控制着 Na^+ 通道，而 K^+ 通道的门变量是 n。Hodgkin 和 Huxley 通过对实验数据的拟合，得到了三个离子电流成分的数学表达式：

$$I_{ion} = -g_{Na}m^3h(V - E_{Na}) - g_K n^4(V - E_K) - g_l(V - E_l) \tag{2.3}$$

这个表达式中，参数 E_{Na}，E_K 和 E_l 是翻转电位。翻转电位的意义在于，当

$$V < E_x \tag{2.4}$$

时，其中 $x = Na, K, l$ 该离子通道上电流是流入细胞内的。当

$$V > E_x \tag{2.5}$$

电流方向发生翻转，电流流出细胞。考虑到电流的正方向是指向细胞内部的，三种通道的电导与有效电位的乘积被负号连接。它们和电导一样是实证参数。这些参数的取值被列在表 2.1 中（这里使用的参数与最初提出 HH 模型时使用的参数不同，最初的模型中将稳定状态下的电位设为 0）。

表 2.1　翻转电位和最大离子通道电导

x	E_x	g_x
Na	50 mV	120 mS/cm^2
K	−77 mV	36 mS/cm^2
l	−54.4 mV	0.3 mS/cm^2

HH 模型由四个微分方程描述：

$$C\frac{dV}{dt} = -g_{Na}m^3h(V - E_{Na}) - g_K n^4(V - E_K) - g_l(V - E_l) + I_{ext}$$

$$\begin{aligned}\frac{dm}{dt} &= \alpha_m[1 - m(t)] - \beta_m m(t)\\ \frac{dh}{dt} &= \alpha_h[1 - h(t)] - \beta_h h(t)\\ \frac{dn}{dt} &= \alpha_n[1 - n(t)] - \beta_n n(t)\end{aligned} \tag{2.6}$$

其中 α_x，β_x $(x = m, h, n)$ 的表达式满足：

$$
\left.\begin{aligned}
\alpha_m &= \frac{0.1(V+40)}{1-\exp\left(-\dfrac{V+40}{10}\right)} \\
\beta_m &= 4\exp\left(-\frac{V+65}{18}\right) \\
\alpha_h &= 0.07\exp\left(-\frac{V+65}{20}\right) \\
\beta_h &= \frac{1}{1+\exp\left(-\dfrac{V+35}{10}\right)} \\
\alpha_n &= \frac{0.01(V+55)}{1+\exp\left(-\dfrac{V+55}{10}\right)} \\
\beta_n &= 0.125\exp\left(-\frac{V+65}{80}\right)
\end{aligned}\right\} \tag{2.7}
$$

受到直流电流 I_{dc} 刺激的神经元的动力学已经为人所熟知。HH 神经元在上述参数下，随着直流刺激的增大，有如下的分叉行为：当输入电流 $I_{dc} < I_0$ 固定点是全局吸引子；当 $I_0 < I_{dc} < I_1$ 神经元同时有两个稳定吸引子，一个是固定点，一个是极限环；当 $I_1 < I_{dc} < I_2$，固定点变的不再稳定，极限环是唯一的吸引子；当 $I_{dc} > I_2$，固定点是全局吸引子。分叉点的取值是：$I_0 \approx 6.2\mu A/cm^2$，$I_1 \approx 9.8\mu A/cm^2$，$I_2 \approx 154\mu A/cm^2$。

给稳定在 $I_{ext}=0$ 条件下的 HH 神经元加一个直流刺激时神经元的动力学如下。当直流刺激 I_{dc} 在参数区间 $I_0 < I_{dc} < I_1$ 内，系统有两个吸引子。加刺激的方式可以决定系统进入哪一个吸引子。如图 2.2 所示，图中是神经元膜电位随着时间的变化。当直接加入强度为 $I_{dc}=8\mu A/cm^2$ 的电流时，神经元进入极限环振荡状态。当缓慢地增大刺激电流时，神经元经过小幅度振荡收敛到固定点。图 2.2(b) 中，电流经过 30 ms 从 0 增大到 $I_{dc}=8\mu A/cm^2$。

当直流刺激 I_{dc} 在参数区间 $I_{dc} < I_0$ 内，系统的吸引子是固定点。在加入刺激时，神经元的响应如图 2.3 所示。当直接加入强度为 $I_{dc}=5\mu A/cm^2$ 的电流时，神经元会出现一次放电，接下来进入固定点。当缓慢地增大刺激电流时，神经元经过小幅度振荡收敛到固定点。图 2.3(b) 中，电流经过 20 ms 从 0 增大到 $I_{dc}=5\mu A/cm^2$。

HH 神经元在一次放电以后，有一段恢复期。在这段时间里，神经元不能对刺激做出响应。图 2.4(a) 给出了以大的时间间隔输入方波脉冲电流刺激的情况。脉冲间隙为 50 ms，方波强度为 $I_{dc}=5\mu A/cm^2$，持续时间为 2 ms。每个刺激都引起一次神经元放电。图(b) 刺激间隔更小。脉冲间隔为 5 ms，方波保持不变。一些刺激不能引起神经元放电。这段不能做出响应的时间被称为不应期。

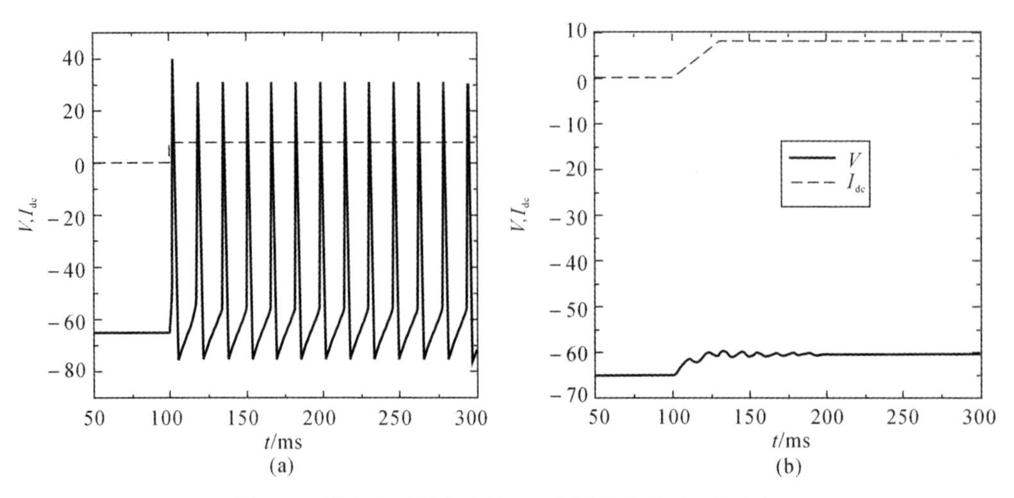

图 2.2　膜电位对阶跃电流(a) 和缓变电流(b) 的响应

(a) 直接加入电流 $I_{dc} = 8\mu A/cm^2$；(b) 在 30 ms 内，线性的增加电流到 $I_{dc} = 8\mu A/cm^2$

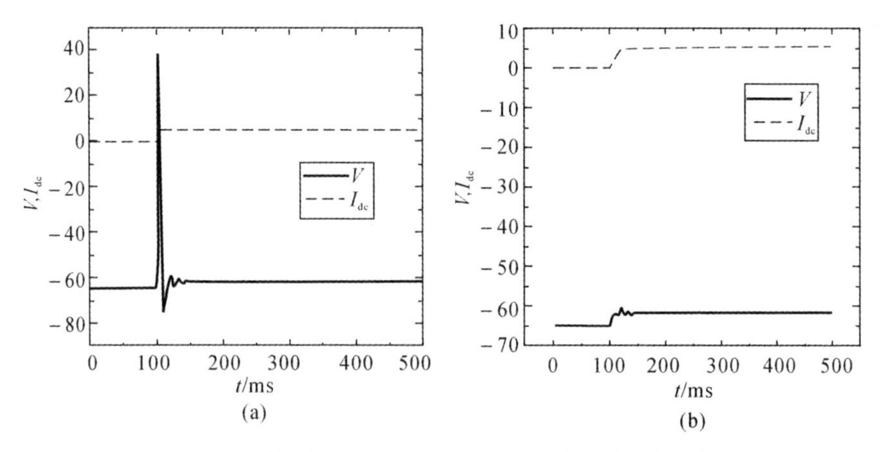

图 2.3　膜电位对阶跃电流(a) 和缓变电流(b) 的响应

(a) 直接加入电流 $I_{dc} = 5\mu A/cm^2$；(b) 在 20 ms 内，线性的增加电流到 $I_{dc} = 5\mu A/cm^2$

判断神经元是否放电的方法不止一种。尽管神经元的放电是一个有一定长度的过程，但是最常用的确定神经元放电的方法是找出放电过程中的一个特定时刻，简单地认为神经元在这个时刻放电。确定神经元放电时刻的一种判据是神经元的膜电位在阈值以上由增大变为减小的转变时刻，即高度超过阈值的膜电位峰所在的位置。另一个方法是选定一个大于神经元放电阈值的膜电位值，当神经元的膜电位超过这个值时，认为神经元放电，把超过这个值的时刻当作放电时刻。模拟中常用的方法是膜电位 V 超过 20 mV 时，认为神经元放电。

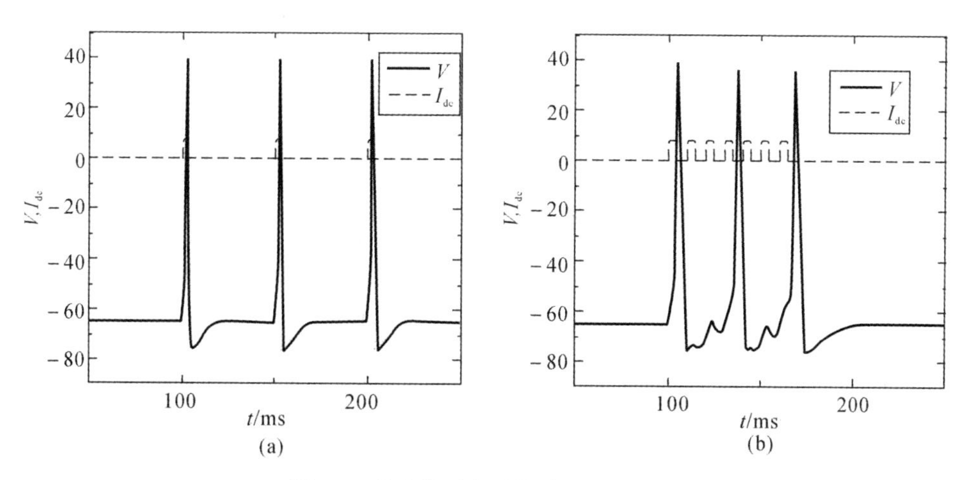

图 2.4 膜电位对方波脉冲电流的响应

(a)以 50 ms 的间隔，加入持续 2 ms 的方波脉冲电流，脉冲高度 $I_{dc}=5\mu A/cm^2$；

(b)以 5 ms 的间隔，加入持续 2 ms 的方波脉冲电流，脉冲高度 $I_{dc}=5\mu A/cm^2$

考虑到放电是一个过程而不是一个瞬时事件，另一种表示神经元放电的方法认为放电是一个有一定时间长度的事件。这种做法是，选定一个大于放电阈值的膜电位，把膜电位超过这个值以后直到回落到这个值以前的一段时间当作放电时间。

放电时刻和放电时间的描述方法的不同，将导致神经元相互作用的描述方法不同。这里将使用放电时刻的描述方法(见图 2.5)。

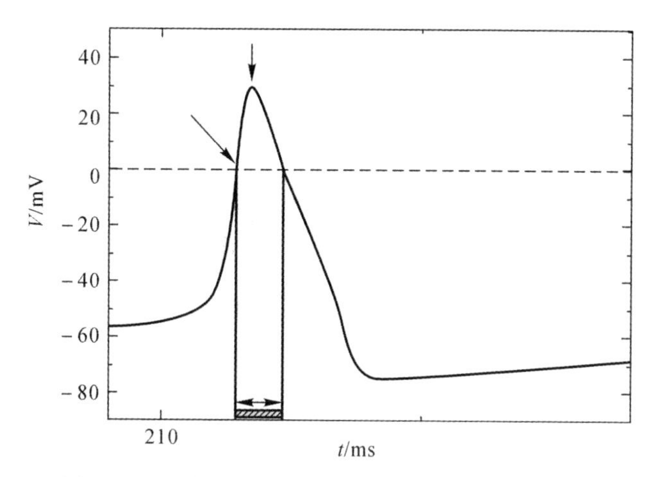

图 2.5 在数据处理和模拟中，确定神经元放电的方法

在这项研究中,首先考虑的是一个神经元对一个兴奋性突触耦合电流的响应。这里采用的模型包括一个 HH 神经元和一个兴奋性的 alpha 类型突触。alpha 类型突触是通过拟合生理实验中记录的现象得到的模型,即它基于生理实验中记录的突触后响应电流的波形。通过分析这个波形的时间进程,提出了突触耦合的一个近似的数学对应。这个突触的方程是

$$I_{syn}(t) = -g_{syn}\alpha(t - t_{in})[V(t) - E_{syn}] \tag{2.8}$$

其中

$$\alpha(t) = \frac{t}{\tau}\exp(-\frac{t}{\tau})\Theta(t) \tag{2.9}$$

式中,τ 是突触相互作用的特征时间;$\Theta(t)$ 是 Heaviside 阶跃函数;t_{in} 是突触相互作用开始的时间,即突触前的神经元放电的时间(这里忽略了神经信号传递造成的延时)。突触作用通常分为兴奋性的和抑制性的。兴奋性和抑制性依赖于突触相互作用的翻转电位 E_{syn}。在研究中,兴奋性突触的翻转电位是 $E_{syn}=30$ mV,抑制性突触的翻转电位是 $E_{syn}=-80$ mV。方程中在 t_{in} 时刻以后产生一个脉冲,它的最大值是 e^{-1},这个最大值出现在 $t=t_{in}+\tau$ 时刻,而它的半宽度是 2.45τ[15]。所以 τ 衡量了突触相互作用的持续时间。对于 alpha 类型突触,突触的效能等效为最大突触电导 g_{syn} 和突触特征时间 τ。高的突触效能意味着突触电流具有高强度和长持续时间。

2.2.3 状态在吸引子之间的转变

本节关注 HH 神经元在分叉点 I_1 附近的参数区中的动力学。首先研究双稳的神经元对兴奋性突触电流的响应。双稳神经元受到的直流刺激满足 $I_0 < I_{dc} < I_1$。它有两个稳定吸引子,一个是极限环,另一个是固定点。在计算机模拟中,确定神经元的一次放电的标志是神经元的膜电位 V 超过 20 mV。由于希望研究的是同步的情况,因而采用这样的模型配置:当神经元放出一个电脉冲时,同时触发一个输入到这个神经元的突触电流脉冲。这个模型配置方式模拟了同步情况下在网络组成单元上可能出现的突触电流输入的情况。

模拟研究观察到了神经元对这个突触电流做出响应的两种类型的动力学,并且神经元以哪一个动力学对突触电流做出响应依赖于突触的效能。对于慢的响应时间和强的作用强度,这个 HH 神经元的状态将从极限环转变到固定点。图 2.6 给出了神经元状态的这种转变。系统的参数值是 $\tau=2$ ms,$g_{syn}=1$ ms/cm^2,$I_{stim}=8.5\mu$A/cm^2。在图 2.6(a) 中神经元对突触电流的响应用神经元的膜电位 V 的变化来表示。在图中突触电流是添加到直流电流上的脉冲峰。可以看到在加入耦合电流后神经元膜电位的周期振荡消失。经过一段阈下振荡,膜电位的值趋于 -61.15 mV。在图 2.6(b) 中,神经元状态的转变用一个三维状态空间(V,h,m)中的轨道表示。

这个三维状态空间是 HH 神经元的相空间(V,h,m,n)的一个三维投影。可以看到,轨道离开极限环,并且被吸引到了不动点的吸引域中。经过一个暂态过程,轨道最后停在了不动点。这个不动点在图中用虚线表示。在直流输入的值为 $I_{dc}=8.5\mu A/cm^2$ 的参数条件下,不动点在相空间中的位置是(V,h,m,n)=(−60.15,0.423,0.092,0.394)。另一方面,在具有快速响应时间或者弱的耦合强度的系统中,这个转变不会发生。在弱的扰动以后轨道会被吸引回到极限环。

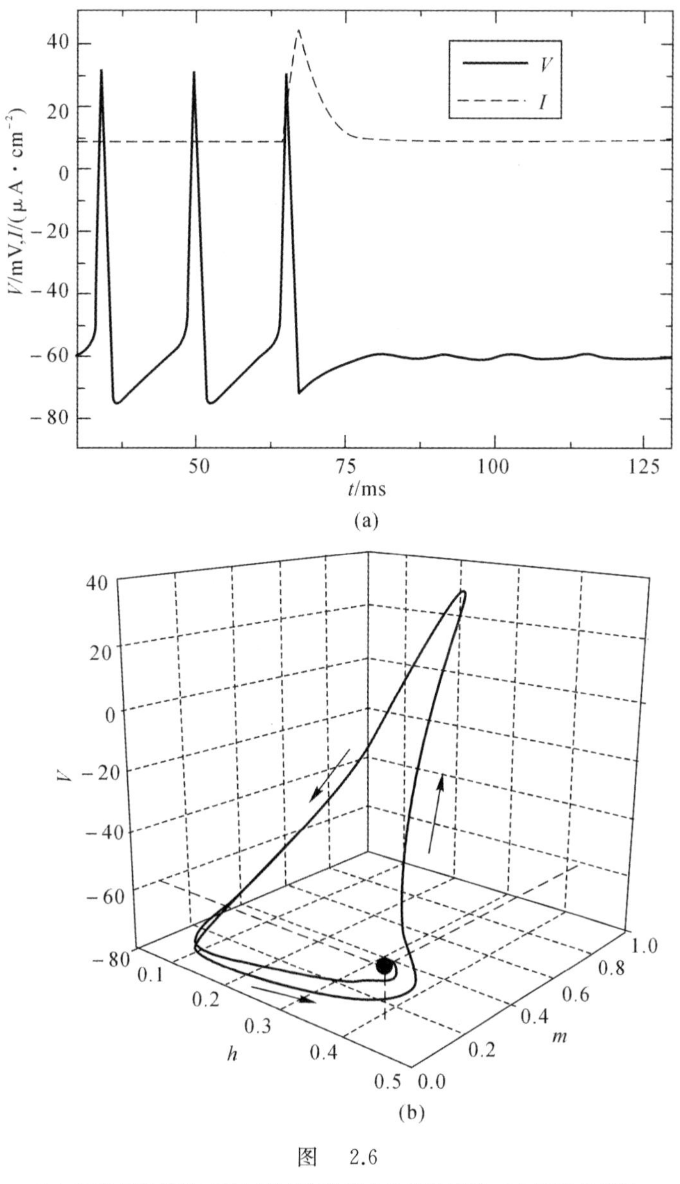

图 2.6

(a) 双稳 HH 神经元对于兴奋突触耦合电流的响应;(b) 响应的相图

当 HH 神经元的外界直流刺激 I_{dc} 大于但是接近分叉点 I_1 时，神经元具有一个稳定的极限环和一个不稳定的固定点。在这种情况下，依赖于突触耦合的效能也存在两种响应动力学类型。对于高的突触效能，即慢的响应时间和大的耦合强度，神经元在受到这个兴奋突触耦合电流刺激后，表现出一个暂态行为。使用一个外界直流刺激 $I_{dc}=12.5\mu A/cm^2$，系统其他参数保持不变。图 2.7(a) 给出了这个系统的响应动力学。可以看到膜电位对于突触耦合电流的响应是一个暂时的阈下振荡。这个阈下振荡中断了神经元的周期放电。图 2.7(b) 中的相空间轨道图像说明这个暂态行为是绕着不稳定不动点的运动。

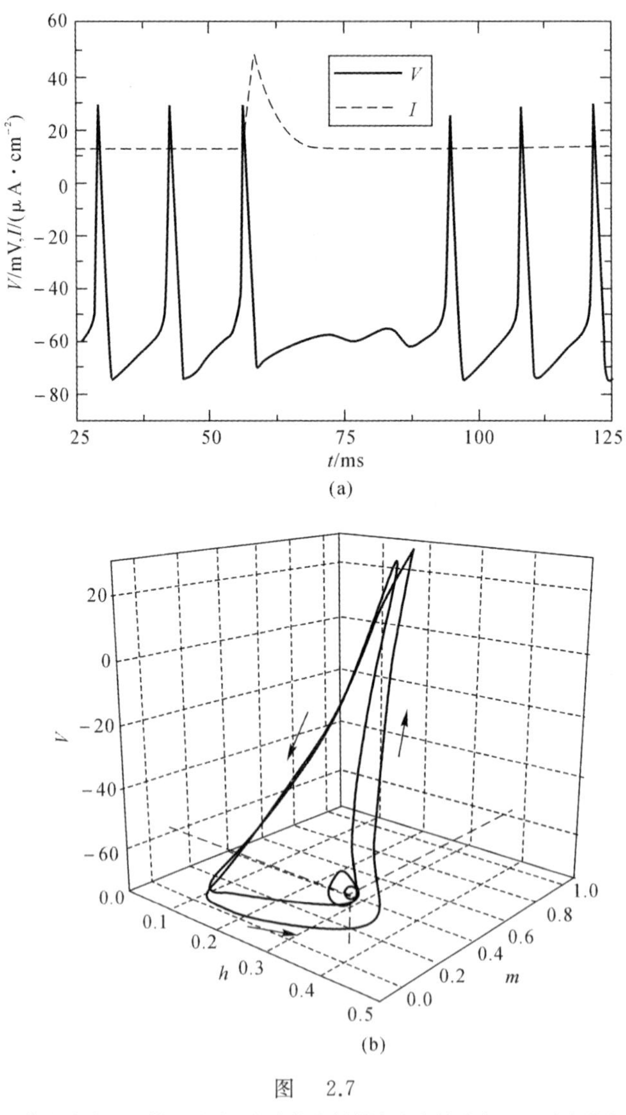

图 2.7

(a) 单吸引子 HH 神经元对于兴奋性突触耦合电流的响应；(b) 响应的相图

首先来计算不稳定不动点的位置。任何一个不动点(V^*,h^*,m^*,n^*),满足

$$
\begin{aligned}
& I_{\mathrm{ion}}(V^*)+I_{\mathrm{dc}}=0 \\
& m^*=\frac{\alpha_m(V^*)}{\alpha_m(V^*)+\beta_m(V^*)} \\
& h^*=\frac{\alpha_h(V^*)}{\alpha_h(V^*)+\beta_h(V^*)} \\
& n^*=\frac{\alpha_n(V^*)}{\alpha_n(V^*)+\beta_n(V^*)}
\end{aligned} \tag{2.10}
$$

通过数值求根易得 V^* 的值。继而易得 h^*,m^*,n^* 的值。在外界直流刺激 $I_{\mathrm{dc}}=12.5\mu\mathrm{A/cm^2}$ 的参数条件下,这个不稳定不动点的位置是$(V,h,m,n)=(-58.704, 0.374, 0.108, 0.417)$。图 2.7(b) 中,在三维相图中画出了这个 HH 神经元的轨道,并且用虚线指明了不稳定不动点的位置。可以看到,神经元在相空间中的轨道离开了极限环,暂时地绕着不稳定不动点运动,然后回到极限环。

另一方面,对于低的突触耦合效能,耦合电流不能导致这个绕着不稳定不动点的暂态运动。就像双稳神经元一样,这个轨道在小的扰动后返回极限环。

图 2.8 给出了在参数平面 $g_{\mathrm{syn}}-\tau$ 上,两种类型动力学之间的边界。对于外界直流刺激为 $I_{\mathrm{dc}}=8.5\mu\mathrm{A/cm^2}$ 的双稳 HH 神经元,两种动力学之间的分界用方块表示。曲线以上,神经元对突触耦合电流刺激的响应是从极限环到不动点的转变。相反地在曲线以下,神经元的极限环对于扰动是稳定的。对外界直流刺激为 $I_{\mathrm{dc}}=12.5\mu\mathrm{A/cm^2}$ 的 HH 神经元,边界用圆表示。值得注意的是,神经元状态的转变需要更强的突触耦合电流和更长持续时间。通过数值模拟,得到神经元状态能够发生转变的参数区间是 $6.2\mu\mathrm{A/cm^2}<I_{\mathrm{dc}}<28.8\mu\mathrm{A/cm^2}$。在 $28.8\mu\mathrm{A/cm^2}$ 以上,神经元的极限环对于有限大小的突触电流总是稳定的,绕着不稳定不动点的暂态运动总不会出现。

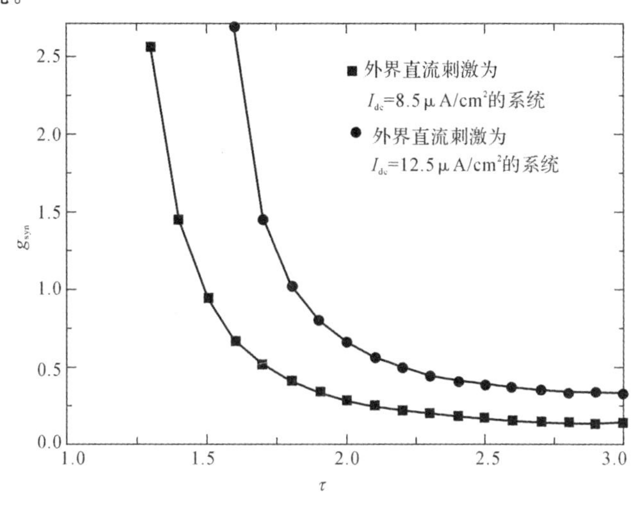

图 2.8 神经元的动力学分区图

为了简便起见，在后面把图 2.6 和图 2.7 中的现象统称为放电熄灭(spike death)。这个现象不同于耦合系统的振荡熄灭(oscillator death)，例如在 2.1.1 节中介绍的两根管风琴管振荡的消失。而放电熄灭是一个神经元的行为，并且放电熄灭既包括振荡的停止也包括一个暂态行为。

下面给放电熄灭现象一个定性的解释。尽管突触耦合电流由一个上升阶段和一个衰减阶段组成，但是突触耦合电流的减小导致了神经元活动状态的转变。在图 2.9 中，用图示说明了下降电流的作用。在模拟中，外界电流线性地从 20 $\mu A/cm^2$ 下降到 8.5 $\mu A/cm^2$，并且这些模拟中不施加突触耦合电流。通过选择电流开始减小的时刻和不同的减小斜率来表示不同的电流持续时间和衰减速率。在图2.9(a)中，电流下降速率是 $-1\ \mu A/(cm^2\cdot ms)$。神经元的活动从周期放电通过一个阈下振荡转变到静止状态。这个电流的减小导致了神经元的放电熄灭。在图 2.9(b)中，电流下降更快，变化率是 $-2\mu A/(cm^2\cdot ms)$。电流的衰减发生于神经元的一个不应期。这个衰减电流不能抑制下一次放电的发生。这与突触电流持续时间短的情况相似。所以，放电熄灭要求电流的衰减发生在不应期的结尾和下一次放电的开始阶段。在图 2.9(c)中，外界电流减小的斜率是 $-0.5\ \mu A/(cm^2\cdot ms)$。不同于图 2.9(a)，电流的减小速率更低了。尽管电流在放电开始的阶段减小，但是它没有抑制神经元的放电。于是神经元的放电熄灭需要电流以一个较大的速率在放电的开始阶段下降。

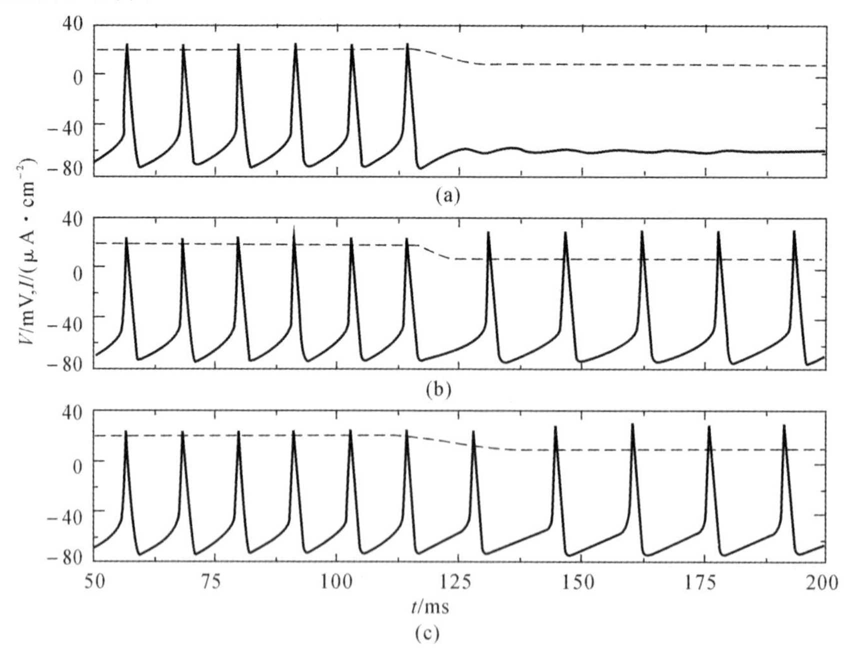

图 2.9　当外界刺激电流下降的时候，HH 神经元活动的变化

为了理解电流下降对于神经元振荡的影响，回顾神经元放电行为的产生。为了更好地理解门变量的变化，把描述 HH 神经元的方程做如下形式的变形更方便：

$$
\begin{aligned}
\frac{\mathrm{d}m(t)}{\mathrm{d}t} &= \alpha_m - (\alpha_m + \beta_m)m(t) \\
\frac{\mathrm{d}h(t)}{\mathrm{d}t} &= \alpha_h - (\alpha_h + \beta_h)h(t) \\
\frac{\mathrm{d}n(t)}{\mathrm{d}t} &= \alpha_n - (\alpha_n + \beta_n)n(t)
\end{aligned}
\tag{2.11}
$$

等价于

$$
\begin{aligned}
\frac{\mathrm{d}m(t)}{\mathrm{d}t} &= -\left(\frac{1}{\alpha_m + \beta_m}\right)^{-1}\left(m - \frac{\alpha_m}{\alpha_m + \beta_m}\right) \\
\frac{\mathrm{d}h(t)}{\mathrm{d}t} &= -\left(\frac{1}{\alpha_h + \beta_h}\right)^{-1}\left(h - \frac{\alpha_h}{\alpha_h + \beta_h}\right) \\
\frac{\mathrm{d}n(t)}{\mathrm{d}t} &= -\left(\frac{1}{\alpha_n + \beta_n}\right)^{-1}\left(n - \frac{\alpha_n}{\alpha_n + \beta_n}\right)
\end{aligned}
\tag{2.12}
$$

所以，对于一个固定的膜电位 u，门变量 m，h，n 以一个时间常数：

$$
\begin{aligned}
\tau_m &= \frac{1}{\alpha_m + \beta_m} \\
\tau_h &= \frac{1}{\alpha_h + \beta_h} \\
\tau_n &= \frac{1}{\alpha_n + \beta_n}
\end{aligned}
\tag{2.13}
$$

趋于常数 m_0，h_0，n_0。它们满足

$$
\begin{aligned}
m_0 &= \frac{\alpha_m(u)}{\alpha_m(u) + \beta_m(u)} \\
h_0 &= \frac{\alpha_h(u)}{\alpha_h(u) + \beta_h(u)} \\
n_0 &= \frac{\alpha_n(u)}{\alpha_n(u) + \beta_n(u)}
\end{aligned}
\tag{2.14}
$$

图 2.10 中给出了门变量在固定膜电位 u 下的稳定值 m_0，h_0，n_0 和它们收敛的时间常数 τ_m，τ_h，τ_n。从图中可以看出，变量 $m_0(u)$ 随着 u 增加，并且它的变化远比 h_0 和 n_0 快。当外界电流被注入到神经元细胞内，正电荷的增加将提高神经元的膜电位 V。从而，钠离子通道的电导 $g_{\mathrm{Na}}m^3h$ 将由于 m 的增大而升高。更多的钠离子将流入神经细胞，并进一步提高膜电位。钠离子通道电导与钠离子电流形成一个正反馈。如果这个正反馈足够强，神经元就会产生一次放电[14]。在一次放

电中随着膜电位的进一步升高而发生的是，h 下降导致钠离子通道电导下降；以及 n 上升导致钾离子通道电导升高，钾离子大量流出细胞，从而导致膜电位的回落。

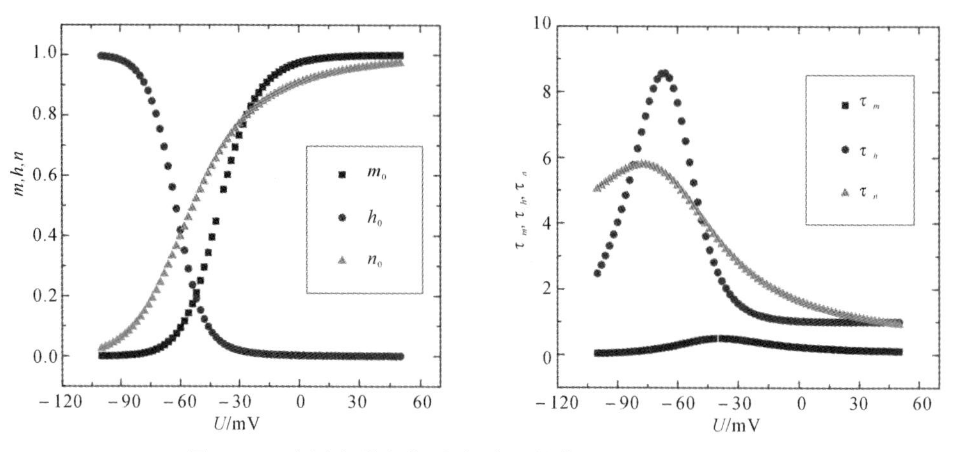

图 2.10　在固定膜电位下，门变量的值和收敛的时间常数

如果在一次放电的产生阶段外界电流减少，膜电位的增加将被减慢。于是 m 的增加也被减慢。所以，钠离子通道上的正反馈被削弱。如果电流减少得足够快，神经元的放电就可以被抑制。于是为了抑制钠离子通道上的正反馈，电流的减小必须发生在放电的开始阶段，并且电流必须以一个较大的速率减小。这个理解与上面的模拟结果一致：高的耦合强度和长的持续时间对于阻止神经元放电是必须的。

2.2.4　神经网络模型

下面研究神经元的放电熄灭在神经网络中对于神经元放电同步的影响。首先介绍采用的神经网络模型和衡量神经元放电同步水平的方法。

考虑一个有方向的随机网络。这个网络由 N 个不完全一致的 HH 神经元组成。网络的生成方法如下：以概率 p 连接所有可能的有向耦合，例如从神经元 j 到神经元 i 的边。这个网络用邻接矩阵 $\boldsymbol{a}^{ij}$ 表示，它的矩阵元是 a^{ij} 表示从神经元 j 到神经元 i 的连接。在有向网络中 a^{ij} 可以不等于 a^{ji}。如果 $a^{ij}=1$ 并且 $a^{ji}=0$，信号只能从神经元 j 传递到神经元 i。神经元 i 收到的信号是所有输入突触电流的和，它被定义为

$$I^i_{\text{syn}}(t)=-\frac{1}{q^i}\sum_{j=1}^{N}a^{ij}g_{\text{syn}}\alpha(t-t^j_{in})(V^i(t)-E^{ij}_{\text{syn}}) \tag{2.15}$$

式中，q^i 是重新标度化因子，它等于神经元 i 的输入突触的数目；t^j_{in} 是突触前神经元 j 在 t 时刻以前最后一次放电的时间；E^{ij}_{syn} 是将 j 连接到 i 的突触的翻转电位。

为了研究神经网络活动的整体行为，计算一个网络的平均活动

$$\bar{V}(t)=\frac{1}{N}\sum_{i=1}^{N}V^{i}(t) \tag{2.16}$$

网络平均活动的幅度可以直观地刻画神经元活动的相关性。平均活动的幅度被定义为

$$\sigma^{2}=\frac{1}{T_{2}-T_{1}}\int_{T_{1}}^{T_{2}}[\bar{V}(t)-\langle\bar{V}(t)\rangle_{t}]^{2}\mathrm{d}t \tag{2.17}$$

其中尖括号表示在一个时间间隔上的时间平均。这个时间间隔记为$[T_1,T_2]$。

在这个工作中研究神经元的发放同步。因为神经元的活动状态可以在吸引子之间转变。即神经元的状态可以离开极限环,这将导致振子的同步被扰乱。在2.1.1节中已经介绍了,以往研究的同步往往是振子系统的同步,其动力学单元以一个频率持续的振荡。相互作用导致振荡的频率或相位发生变化,并通过这种相互作用调节到同步振荡状态。对于很多非常复杂的振荡系统,则往往采用简化的相振子模型加以描述。相互作用的效果则被看作是调节相振子的相位。由于前面发现的神经元响应突触耦合电流的动力学可以打断神经元的振荡,因而在现在的研究中神经元放电同步不同于以往的同步研究。

这里关注神经元放电时间的相关性。采用神经元放电时间的平均互关联性[16,17]来量化放电同步的程度。平均互关联性是神经元i和j之间的对关联性$K_{ij}(\gamma)$的平均值,即

$$K=\frac{1}{N(N-1)}\sum_{i=1}^{N}\sum_{j=1,j\neq i}^{N}K_{ij}(\gamma) \tag{2.18}$$

对关联$K_{ij}(\gamma)$被定义为

$$K_{ij}(\gamma)=\frac{\sum_{l=1}^{k}X(l)Y(l)}{\left[\sum_{l=1}^{k}X(l)\sum_{l=1}^{k}Y(l)\right]^{1/2}} \tag{2.19}$$

这个定义中的关联是两个神经元的放电序列的无延时相关性。γ是离散化膜电位的时间格宽度。为了把神经元活动转换成放电序列,时间间隔(T_2-T_1)被划分成k个时间格,每个格的宽度是$\gamma=1$ ms。对于神经元i,放电序列是:如果一个格内有一个放电事件则$X(l)=1$,反之则$X(l)=0$,$(l=1,\cdots,k)$。而$Y(l)$则表示另一个神经元的放电序列。

2.2.5 放电熄灭对网络中放电同步的影响

现在从数值方面研究网络的集体行为与网络中兴奋神经元的份数f_{exc}之间的关系。一般来说,兴奋的突触导致网络中神经元活动的同步。抑制的耦合导致网络中出现特定的复杂时空周期斑图。然而,已经有工作表明在神经系统中神经元响应耦合的不同类型动力学产生不同的同步属性[18]。这里增大网络中兴奋神经元的比例,研究上面发现的新的响应类型,即放电熄灭;对兴奋性网络中的放电同

步的影响。模拟中使用的网络由 1 000 个神经元组成，网络的连接概率是 $p=0.01$。突触电导的取值是 $g_{syn}=1\ ms/cm^2$。作为一个例子，使用具有特征时间 $\tau=2$ ms 和 $\tau=1$ ms 的突触来建立神经网络，它们分别是具有和没有放电熄灭属性的网络的例子。为了保证神经元具有不完全相同的属性，神经元的外界输入电流 I_{dc} 随机地分布在区间(8.0,12.0)$\mu A/cm^2$ 内。

在图 2.11 中，画出了网络平均活动的幅度 σ 与网络中兴奋神经元比例 f_{exc} 的关系。误差棒是 20 次数值实验的标准偏差。在图 2.11 (b) 中，画出了相同模拟中的平均互关联 K 与网络中兴奋神经元比例 f_{exc} 的关系。这些关系表明网络中神经元活动的相关性随着兴奋神经元的比例的增加而增大。值得注意的是特征时间 $\tau=2$ ms 的网络，即具有放电熄灭属性的网络，具有明显较低的平均活动幅度 σ 和平均互关联性 K。所以具有放电熄灭属性的网络中的同步程度明显地低于没有这种属性的网络。

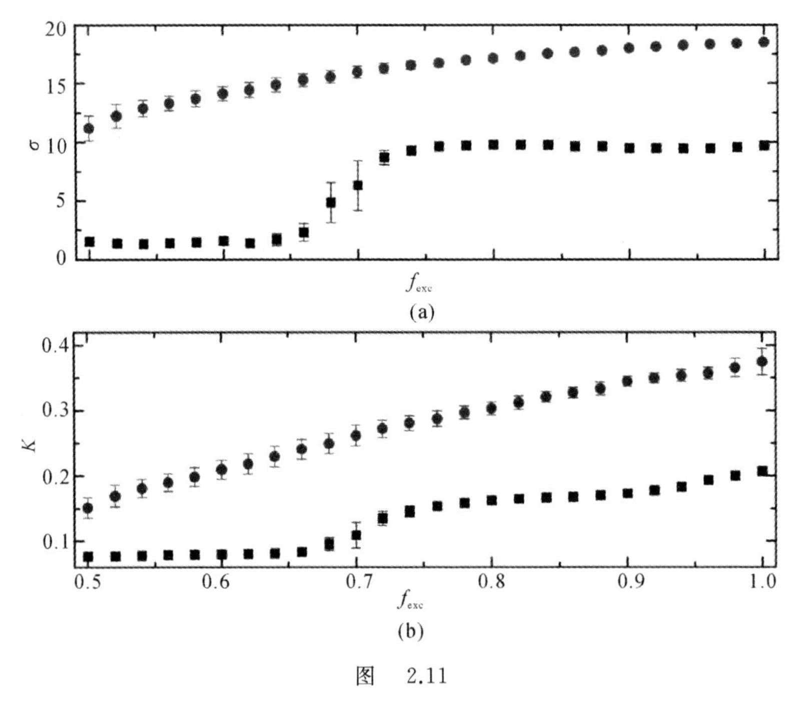

图 2.11

(a) 网络平均活动幅度 σ 与网络中兴奋神经元比例 f_{exc} 的关系；

(b) 平均互相关性 K 与网络中兴奋神经元的比例 f_{exc} 之间的关系

两类网络中同步程度的差别可以更直观地用网络的平均活动表示，如图 2.12 所示。其中图(a)(b)(c) 使用的网络具有放电熄灭属性 $\tau=2$ ms，图(d)(e)(f) 使用的网络没有放电熄灭属性 $\tau=1$ ms。从上到下，兴奋神经元的比例是 $f=0.5$，0.8 和 1.0。网络中的神经元以一个高的相关性开始振荡。在模拟中，神经元的第一次放电的时间随机的分布在(0, 5) ms内。当 $f_{exc}=0.5$ 时,特征时间为 $\tau=2$ ms的网络的平均活动幅度明显地减小,网络活动快速地变成随机的振荡,如图2.12(a)所示。在没有放电熄灭属性的网络中,网络表现出了相关振荡,如图2.12(b)所示。当兴奋神经元的比例增加的时候,无论对于有放电熄灭属性的网络还是没有放电熄灭属性的网络,相互作用增强了网络中神经元活动的相关性,平均活动幅度增大。但是没有放电熄灭属性的网络中,平均活动幅度明显更大。此外,平均活动的频率在 $\tau=1$ ms的网络中比 $\tau=2$ ms的网络中更高。

神经网络中突触耦合影响放电同步的这些现象可以用放电熄灭现象定性地解释。在网络中如果兴奋神经元的比例增加,神经元放电的关联性就被增强。于是神经元的突触输入电流就会从一个波动的波形转变称一个平滑的脉冲。如果这个突触耦合电流合成的脉冲具有足够长的持续时间来抑制下一次放电,那么突触电流就可以导致放电熄灭。于是,突触电流打乱了神经元放电节律的调整,阻止了神经元的同步。

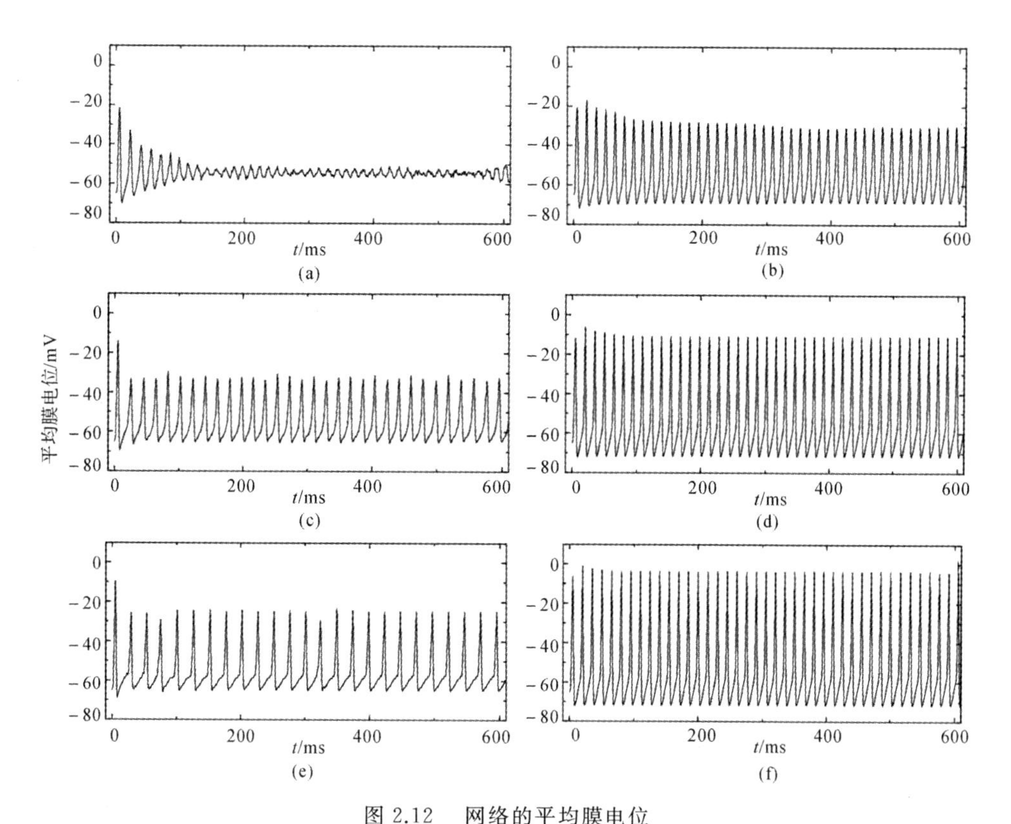

图 2.12　网络的平均膜电位

(a)(c)(e) 特征时间 $\tau=2$ ms 的网络中的结果;(b)(d)(f) 特征时间 $\tau=1$ ms 的网络中的结果。由上到下分别是兴奋神经元比例为 $f_{exc}=0.5, 0.8, 1.0$ 的网络中的结果

为了证明这个解释，在图 2.13 中给出了突触电流波形和放电熄灭事件的频率。在图 2.13(a) 和(b) 中，画出了一个神经元的输入突触电流，它们是从兴奋神经元比例 $f_{exc}=0.5$ 和 $f_{exc}=0.8$ 的网络中随机地选出来的。突触的特征时间 $\tau=2$ ms。这两个图表明了突触输入电流从波动波形到平滑脉冲的转变。

在模拟中，选取神经元阈下振荡的峰作为一个放电熄灭事件。图 2.13(c) 中给出了放电熄灭事件出现频率的直方图，即 1 ms 内整个网络中出现的放电熄灭事件的次数。系统使用的参数是 $\tau=2$ ms，$f_{exc}=0.8$。放电熄灭事件与网络的平均活动以同样的节律周期地出现。相反地，在突触耦合效能低的网络中，观察不到放电熄灭事件。所以，放电熄灭事件可以解释上述同步属性。

当网络由完全相同的神经元组成的时候，放电熄灭事件的影响依然存在，并且这种影响变得更加显著。图 2.14(a) 给出了平均互相关性 K 与全同神经元网络中兴奋神经元比例 f_{exc} 的关系。在这个网络中每个神经元的外界输入直流刺激都是 $I_{dc}=10.0\mu A/cm^2$。可以看到在 $\tau=2$ ms 的网络中 K 的值(方块) 与图 2.11 相似。然而，在 $\tau=1$ ms 的网络中 K 的值(圆) 随着 f_{exc} 的增加趋向于 1。

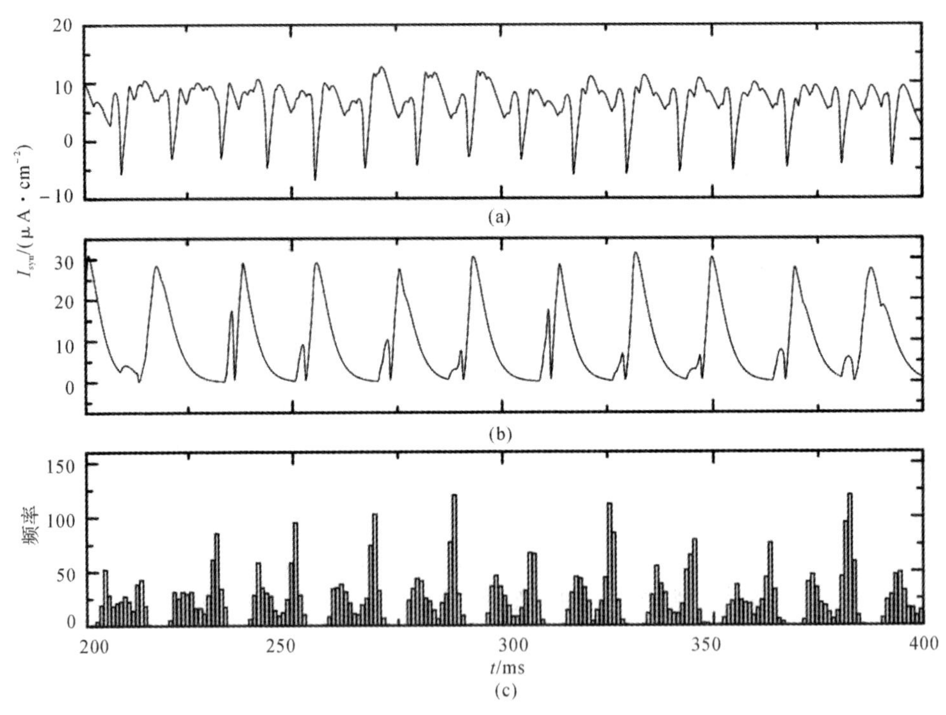

图 2.13 随机地从网络中选出的一个神经元的输入突触电流

(a) 和(b) 兴奋神经元比例为 $f_{exc}=0.5$ 和 0.8；(c) 放电熄灭事件出现的频率，$f_{exc}=0.8$

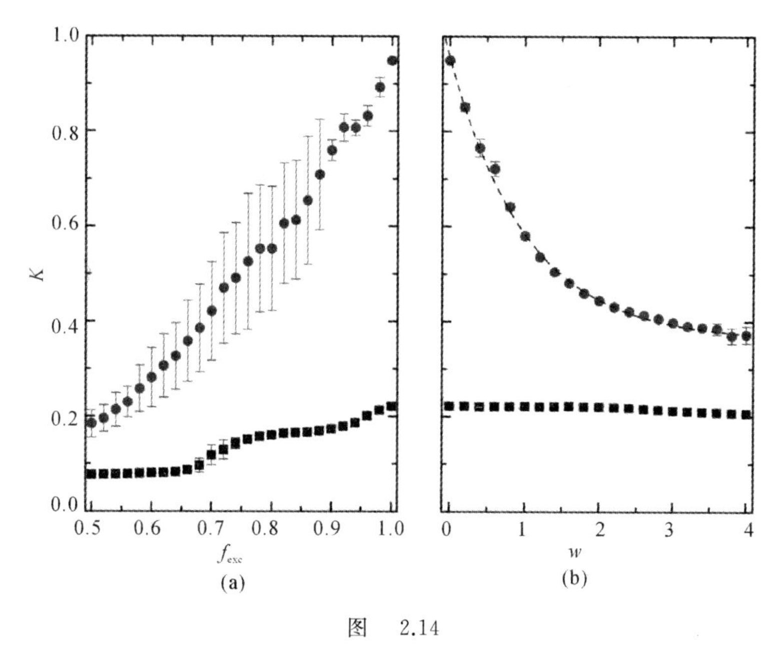

图 2.14

(a) 全同神经元组成的网络中，平均互相关性 K 与网络中兴奋神经元比例的关系；(b) 平均互相关性 K 随着刺激 I_{dc} 的分布宽度的变化

在完全兴奋网络($f_{exc}=1$)中计算了同步程度与神经元差异性的关系。在模拟中外界输入直流刺激 I_{dc} 分布在区间($10.0-0.5w$, $10.0+0.5w$)$\mu A/cm^2$ 内。图2.14给出了平均互相关性 K 的值与 I_{dc} 的参数区间的宽度的关系。对于 $\tau=2$ ms 的网络(方块)，同步程度对于神经元的差异性不敏感。相反地，在 $\tau=1$ ms的网络中，同步程度随着神经元差异性的减小而显著地增大并且趋向于1。对于 $\tau=1$ ms 的网络，平均互相干性 K 与直流刺激分布宽度 w 的关系被一个一阶指数衰减函数很好的拟合。拟合曲线是 $K=A\exp(-w/B)+K_0$，其中 $K_0=0.362\pm0.005$，$A=0.595\pm0.007$，$B=1.017\pm0.030$。两种类型的网络之间这种显著的差异说明了放电熄灭可以有效地阻止神经网络中的放电同步。

2.2.6 总结与讨论

(1)使用HH神经元网络模型研究了突触效能影响神经元放电同步的动力学起源。神经元响应突触耦合的一种新的动力学“放电熄灭”被发现。这种响应动力学是突触效能影响同步水平的一种可能的机制。当神经元的放电时间关联性足够强使得兴奋网络中突触耦合电流具有脉冲的波形，突触电流将导致神经元的状态从极限环转变到固定点或其他暂态。这种转变打断了神经元振荡节律的调节，阻止了放电同步进一步增大。

(2)研究了HH神经元响应兴奋突触电流的动力学。数值地证明具有高效能的突触，即具有大的特征时间和高的强度的突触，导致神经元的放电熄灭。对于双稳神经元，放电熄灭意味着神经元的活动从极限环转变到不动点。对于具有不稳定不动点的神经元，放电熄灭意味着神经元的活动从极限环转变到暂态。这种暂态是相空间中绕着不稳定不动点的运动。神经元的放电熄灭起因于突触电流的减小，减小电流抑制了放电开始阶段钠离子通道中的正反馈。

(3)证明了放电熄灭影响神经网络中的放电同步。在模拟中考虑具有和没有放电熄灭属性神经元组成的网络。作为例子，这两种网络分别用特征时间为 $\tau=2$ ms和 $\tau=1$ ms 的突触耦合建立。在有放电熄灭属性的网络中，同步程度更低。这与以前的结果一致，那里发现同步态在具有慢的响应时间的兴奋耦合条件下是不稳定的[10]。然而，证明了对于慢的响应时间，同步程度随着兴奋比例增大，并且整个网络的振荡速率下降。主要结果是，在特征时间为 $\tau=2$ ms 的网络中，放电熄灭事件被观察到了。并且，放电熄灭可以解释阻止同步程度进一步升高的机制。相关的同步属性在弱耦合的 HH 神经元网络中也被发现了[18,19]。在弱耦合的情况，耦合电流扰动神经元活动的相位，但是神经元的振荡不会被破坏。与此不同，我们发现的新动力学机制适用于强耦合的情况。它导致的是被打断的振荡之间的同步。值得注意的是因为放电熄灭的存在，神经网络中放电同步不同于非线性动力学中讨论的普遍的振子同步，那里的情况和弱耦合神经网络中的情况一样，即振子对于扰动是稳定的。

此处的研究与 Drover 的工作[20]相关。在参考文献[20]中，使用一个两变量的简化模型，他们提出了一个神经元集合减慢放电的机制。他们发现突触变量慢的衰减导致了轨道被这个简化模型的不稳定固定点吸引。这一点与发现的 HH 神经元的暂态行为相似。然而，在他们的机制作用下，突触兴奋性具有强烈的使网络同步的作用，这不同于放电熄灭阻止同步的作用。在神经网络中，集体行为敏感地依赖于神经元的内在动力学[20]，并且存在多种不同类型的神经元响应突触耦合的动力学。进一步研究不同响应动力学与网络集体行为的关系是一个有趣的问题。

在这个研究中没有涉及突触强度的可变性。神经元的活动常常影响突触强度，例如通过突触可塑性[21]。

像前面介绍的一样，低突触效能有利于产生癫痫发作中的同步现象，这一点已经被实验和数值模拟研究发现和证实。这里把突触效能等效为突触强度尤其是突触特征时间，研究了突触影响放电同步的机制。这种影响的机制对于理解真实神经系统的活动可能具有潜在的价值。

2.3 两层网络的同步

神经系统中的同步现象已经吸引了很多注意力。如前所述，同步现象对于执行大脑的功能具有重要的作用。除了在一个神经元集合内实现神经元活动的完全同步之外，一些更加精细的同步形式也应该被加以研究。大脑本质上是一个由相互作用的神经网络组成的庞大系统。一种复杂的同步情况是，不同网络的活动斑图可能变成同步的，同时网络中神经元的活动仍构成一个复杂的时空斑图。于是研究相互耦合网络之间的同步是一个有意义的工作[22]。相互耦合的全连接网络之间的同步已经被研究过[23]。考虑到网络的稀疏本质，相互耦合的随机网络之间的同步也已经被研究过[24]。

在第1章中介绍过，近年来的研究发现神经网络中的连接具有比随机网络更加复杂的结构。已经有一些理论研究证明了复杂的拓扑结构对网络上动力学具有重要的影响。例如：小世界神经网络能够快速地对刺激做出响应并且神经网络的活动是一个关联振荡。具有无标度结构的 Hopfield 吸引子网络可以高效地识别受污损的斑图[25]。具有复杂网络结构的系统对刺激做出响应时，可以对特定的刺激是敏感的，对无关的刺激是鲁棒性的[26]。所以，在神经网络相互同步的问题中，网络拓扑结构的影响是有意义的，对于更好地认识神经系统中的集体行为具有潜在的重要作用。

另一方面，如前所述，在神经系统中同步不总是有用的、被希望出现的现象。例如，几种癫痫发作和帕金森氏症中都发现了同步的形成与功能缺陷有关。而且在一些情况下，疾病的发作中同步态从一个局域网络向其他局域网络传播。所以研究神经系统中的退同步和同步的不稳定性也是非常重要的。

本节在两层神经网络组成的系统中，研究无标度结构在同步的形成中和阻止系统同步中的所起的作用。我们采用了三种耦合方式：大-大耦合：两个网络之间的耦合建立在度大的节点之间；随机耦合：耦合建立在随机选定的节点之间；小-小耦合：耦合建立在度小的节点之间。计算机模拟表明度大节点之间的耦合在导致同步和阻止同步中都起着重要的作用。最后通过一个分析的处理确认了数值模拟的结果并且解释了产生这个结果的原因。

2.3.1 模型与动力学

这一节中考虑的神经网络模型由 N 个神经元组成。每个神经元的状态表示为 $x_i(t) \in (0,1)$，$i=1,\cdots,N$。网络的拓扑结构由对称的邻接矩阵 $\boldsymbol{A}$ 表示。当神经元 i 连接到神经元 j 时，邻接矩阵的矩阵元 a_{ij}，$(i,j=1,\cdots,N)$ 等于1。如果 i 与 j 之间没有连接，那么 a_{ij} 等于0。每个连接有一个权重 J_{ij}，它是一个均匀分布在区间 $(-1,1)$ 之间的随机数。

这里考虑的系统由两层完全相同的神经网络组成。两个网络之间的耦合建立在两层网络中对应的节点之间。这个系统的动力学由下述方程描述[23,24]：

$$\left.\begin{aligned} x_i^1(t+1) &= (1-\varepsilon_i)\Theta(h_i^1(t)) + \varepsilon_i\Theta(h_i^1(t)+h_i^2(t)) \\ x_i^2(t+1) &= (1-\varepsilon_i)\Theta(h_i^2(t)) + \varepsilon_i\Theta(h_i^1(t)+h_i^2(t)) \end{aligned}\right\} \tag{2.20}$$

在这个方程中，符号 ε_i 表示两个网络中第 i 个神经元之间耦合的强度。当两个网络中一对对应神经元是耦合的，它们之间的耦合强度等于一个常数$\varepsilon_i=\varepsilon$。如果它们之间没有耦合，则$\varepsilon_i=0$。对于大-大耦合选择网络中度最大的一组节点，如果神经元i在这个集合中把相应的耦合强度设为$\varepsilon_i=\varepsilon$，如果不在这个集合中，就设为0。对于小-小耦合，选择网络中度最小的点建立耦合。

这个方程里$h_i^l(t)$是第i个神经元的局域场。局域场$h_i^l(t)$满足：

$$h_i^l(t)=\sum_{j=1}^{N}a_{ij}J_{ij}x_j^l(t),\quad l=1,2 \tag{2.21}$$

它表示在t时刻来自同一层网络中其他神经元的信号之和。局域场由网络的拓扑结构决定。每一个网络中没有参与网络之间耦合的神经元通过局域场间接地与另一个网络中的神经元发生相互作用。

神经元的活动函数$\Theta(r)$被定义为

$$\Theta(r)=[1+\tanh(\beta r)]/2 \tag{2.22}$$

其中$\beta=1/T$描述的是作用到神经元上的噪声的强度的一个量度，它起的作用是模仿热力学系统中温度倒数。为了简单起见，这里在整个系统中设定$\beta=10$。

两个子系统中所有神经元的初态都是随机选定的。为了测量两层网络的状态之间的相关性，两层网络的活动斑图之间的差别被定义成如下形式：

$$D(t)=\frac{1}{2}\sum_{l=1}^{2}\sum_{i=1}^{N}[x_i^l(t)-\overline{x_i(t)}]^2 \tag{2.23}$$

其中$\bar{x}_i(t)=\sum_{l=1}^{2}x_i^l(t)/2$是$t$时刻两个网络中占据位置$i$的两个神经元的平均活动。当系统达到完全同步态的时候，差别$D(t)$减小为0。

2.3.2 同步条件

为了研究网络拓扑的影响，首先研究系统同步所需要的两个子系统之间的耦合数目。在一个系统中，对于每一个耦合方式，计算实现两个网络之间的同步需要的最少的耦合数。在图2.15中给出了分别在用无标度网络和随机网络组成的系统中，同步所需要的最小耦合数的分布。模拟中使用的耦合强度$\varepsilon=0.6$，使用BA模型产生无标度网络，使用ER模型产生随机网络。在这个系统中，对于两种网络结构，系统参数被设为网络尺寸$N=1\ 000$，平均度$\langle k\rangle=20$。当子系统是无标度网络时，对于大-大耦合，随机耦合和小-小耦合系统，实现同步的平均耦合分数是58.2%，80.7%和95.6%。如图2.15(a)所示。耦合分数是耦合数与网络尺寸的比值。这个结果指出，对于实现同步来说，大-大耦合策略比随机耦合更有效，而小-小耦合策略的效率最低。另外，小-小耦合可以被看作是从全局耦合的系统中移除那些度大的神经元之间的耦合。于是，在初始态(未同步态)移除度大的神经元之间的耦合可以有效地阻止网络之间达到同步。不同于无标度网络上的情况，在随机网络组成的系统中，采用三种耦合方式时临界耦合数目分布的峰值距离更近，如图2.15(b)所示。这是由于网络连接度的均匀性引起的。这个差别表明子系统的拓扑和被耦合神经元的度影响系统实现同步的效率。并且,对于实现同步和阻止同步来说,无标度网络都比随机网络的效率更高。

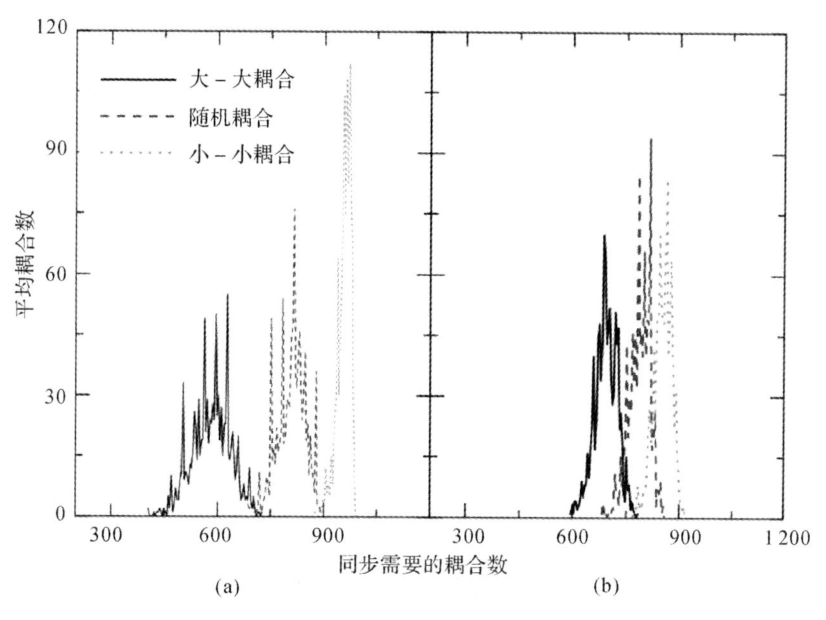

图 2.15 系统达到同步需要的耦合数的分布图

(a),(b) 分别使用了 BA 无标度网络和 ER 随机网络

图 2.16 中给出了实现同步需要的耦合分数与耦合强度 ε 的关系。无论子系统是无标度网络还是随机网络,都存在一个耦合强度的临界点 $\varepsilon_c=0.44$。耦合强度低于这个值,则被耦合的两个网络不能实现同步。当 $\varepsilon>\varepsilon_c$,参与了两个网络之间耦合的神经元的度将显著地影响同步。耦合强度 ε 越大,实现同步需要的耦合越少。此外,任意给定耦合强度,使用大-大耦合策略,无标度拓扑比随机拓扑更有效地实现同步。

现在研究实现同步需要的耦合分数与子系统中神经元的平均度 $\langle k \rangle$ 之间的依赖关系。在神经元平均度 $\langle k \rangle$ 小的情况下,因为每个神经元只有很少几个近邻,神经元之间的相互作用很弱,所以为了使网络实现同步需要在网络之间建立更多的耦合。在神经元平均度 $\langle k \rangle$ 大的情况下,不同于在一个网络中单元之间相互同步的情况下的结果,这个由两层网络耦合而成的系统仍然需要很多的网络间耦合来实现网络之间的同步。图 2.17 中的结果表明了在给定网络尺寸和网络间耦合强度下的情况下,耦合分数对于平均度 $\langle k \rangle$ 有一个不平庸的非单调依赖关系,即存在一个理想的平均度在那里实现同步需要的耦合分数是最小的。随着网络平均度的增加,在一个子系统中神经元之间通过局域场的相互作用被加强。这个增强的内部相互作用,给网络之间没有耦合的神经元带来更大的间接相互作用,它帮助两个系统实现同步。所以当网络平均度 $\langle k \rangle$ 增大时,实现同步需要的耦合可以减少。

另一方面,具有更强的内部相互作用的子系统自己的演化更加稳定,所以需要更多的耦合来驱动两个网络的演化达到同步。当网络的平均度⟨k⟩取这个理想值的时候,没有参与耦合的神经元之间的间接相互作用和子系统动力学的稳定性达到一个合适的匹配。

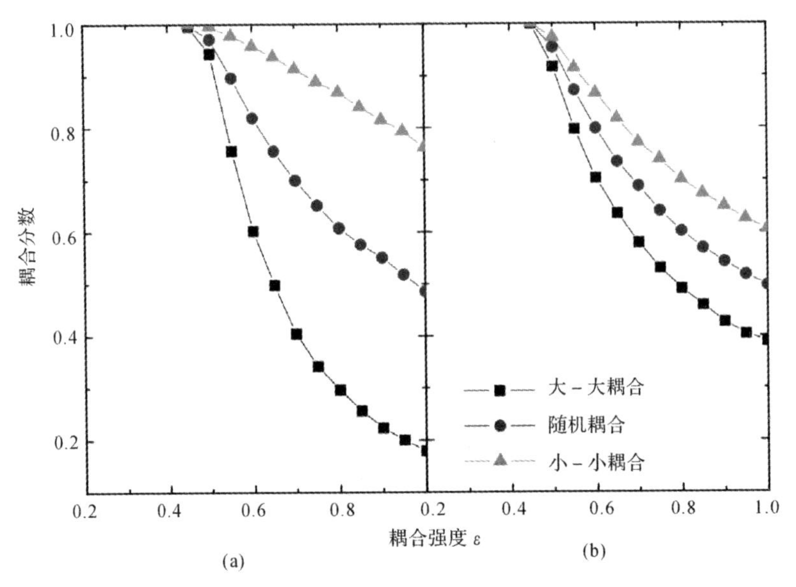

图 2.16　实现同步所需要的耦合数与耦合强度 ε 的函数关系

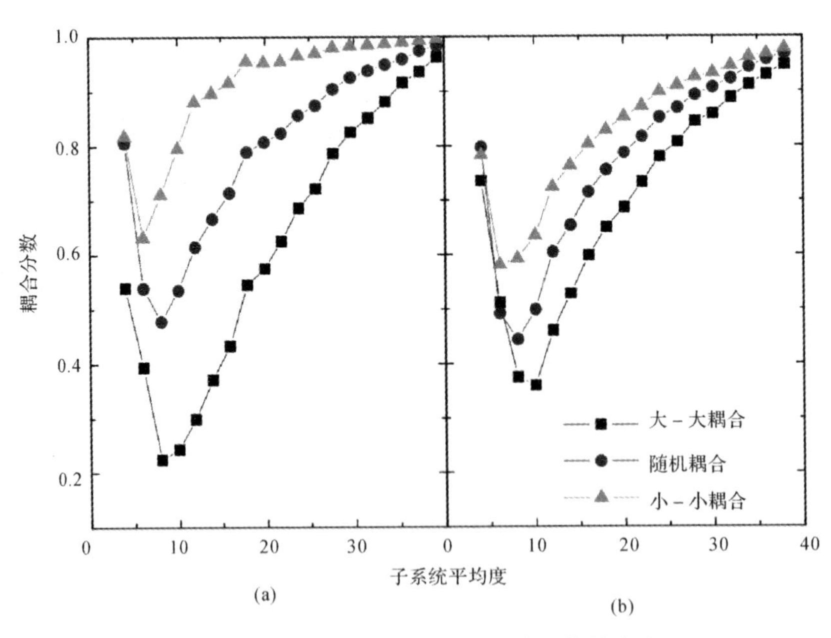

图 2.17　耦合分数与子系统平均度的依赖关系

(a)BA 网络;(b)ER 网络

下面通过一个解析分析证明无标度网络与随机网络在导致和阻止同步中的效率差异。为了估算实现同步需要的耦合分数，考虑一个没有直接参与两个子系统之间相互耦合的神经元。这个神经元的状态按照方程(2.20)描述的方式被它的局域场 $h_i(t)$ 决定。局域场包含两类信号，一类来自直接与另一个网络相互作用的近邻，另一类来自没有参与耦合的近邻。于是参与耦合的神经元的度之和通过平均局域场中的信号强度决定了系统是否能够达到同步态。对于图 2.15 中研究过的六种系统配置，在数值模拟中计算了当系统达到同步时耦合节点总度的临界值 k_c。这个值被子系统中的总度 $N*\langle k\rangle$ 做了归一化。计算发现，这些临界值的标准偏差是 0.019，而平均邻接总度是 0.785。所以认为如果一个子系统中耦合神经元的总度超过一个阈值，系统将实现同步。

为了利用符号带来的便利，对于采用随机耦合方式的系统每一层网络中参与耦合的神经元数目被记为 F_r，对于采用大-大耦合方式的系统每一层网络中参与耦合神经元数目被记为 F_l。当系统采用随机耦合方式，无论子系统是无标度网络还是随机网络，子系统中参与耦合的神经元的平均度几乎和整个子系统的平均度 $\langle k\rangle$ 一样。所以耦合神经元的总度是

$$\sum_{i=1}^{F_r} k_i = \langle k\rangle F_r \tag{2.24}$$

其中 k_i 是神经元 i 的度。对于具有相同尺寸和平均度的任意网络拓扑，在随机耦合方式下同步需要的耦合分数是相同的。按照参考文献[26]中的做法，使用随机耦合的耦合分数，记为 f_r

$$f_r = F_r/N \tag{2.25}$$

与大-大耦合的耦合分数，记为 f_l

$$f_l = F_l/N \tag{2.26}$$

为了得到这两个耦合分数之间的关系，进行如下的推导。

当子系统是随机网络，对于采用大-大耦合方式的系统，每个子系统中耦合神经元的总度是

$$\sum_{i=1}^{F_r} k_i = N\sum_{k_l}^{\infty}\frac{k\langle k\rangle^k e^{-\langle k\rangle}}{k!} \tag{2.27}$$

其中的 k_l 表示耦合神经元的最小度。于是耦合分数是

$$f_l = \sum_{k_l}^{\infty}\frac{k\langle k\rangle^k e^{-\langle k\rangle}}{k!} \tag{2.28}$$

所以大-大耦合方式与随机耦合方式下的耦合分数的差别是

$$f_r - f_l = \frac{\langle k\rangle^{k_l-1} e^{-\langle k\rangle}}{(k_l-1)!} \tag{2.29}$$

对于给定的平均度$\langle k\rangle$，在以 k_l 为自变量时，这个差值的最大值近似的出现在 $k_l=$

$\langle k \rangle + 1/2$。

当子系统是无标度网络的时候，度分布是一个幂函数

$$P(k) = Ak^{-\gamma} \tag{2.30}$$

对于采用大-大耦合方式的系统，每层网络中耦合神经元的总度为

$$\sum_{i=1}^{F_l} k_i = N\int_{k_l}^{\infty} kP(k)\mathrm{d}k = \frac{1}{\gamma - 2}NAk_i^{2-\gamma} \tag{2.31}$$

度分布同时须满足条件：

$$F_l = N\int_{k_l}^{\infty} P(k)\mathrm{d}k = \frac{1}{\gamma - 1}NAk_l^{1-\gamma} \tag{2.32}$$

假设度分布在度小的一端上有一个快速截断，把度分布进行归一化可得到

$$A = \frac{(\gamma - 2)^{\gamma-1}}{(\gamma - 1)^{\gamma-2}}\langle k \rangle^{\gamma-1} \tag{2.33}$$

结合式(2.31)、式(2.32)、式(2.33) 和式(2.27)，f_l 和 f_r 之间的关系是

$$f_l = f_r^{(\gamma-1)/(\gamma-2)} \tag{2.34}$$

对于 BA 模型，度分布指数 γ 等于 3，于是得到

$$f_l = f_r^2 \tag{2.35}$$

当从全局耦合系统中减去一些耦合时，阻止系统达到同步需要移除的耦合的总度也存在一个阈值。这个阈值等于子系统总度 $N\langle k \rangle$ 与实现同步的耦合神经元总度之差。所以，相似地对于大-大移除和随机移除方式移除耦合分数之间的关系也满足方程(2.29) 和式(2.34)。

图 2.18(a) 给出了在无标度网络构成的系统中 $f_l^{1/2}/f_r$ 与耦合强度的关系。在建立耦合的情况下(方块)，数值模拟得到

$$f_l^{1/2}/f_r = 1 \tag{2.36}$$

这和式(2.34) 一致。在移除耦合的情况下，当耦合强度 ε 小时，这个比例大于分析的预言。这是由于无标度网络度分布在度大的一端对幂律函数曲线的偏离较大，具有度大的点比幂律分布预言的更多造成的，如图 1.3 所示。这种分布的特点导致了需要排除更多的耦合，于是解析结果预言的结果要小于模拟的结果。当子网络之间的耦合强的时候，从网络中移除的耦合更多，上述差别不再显著，于是分析与模拟的差别减小了。

图 2.18(b) 所示为比值 $f_l^{1/2}/f_r$ 与无标度网络平均度的关系。对于建立耦合导致同步，模拟结果与分析预言符合得很好。对于移除耦合阻止同步，当$\langle k \rangle$ 小或大的时候，模拟结果大于分析预言。这个偏差的原因是在这些参数区域需要移除的耦合分数很小，如图 2.17(a) 所示，所以实际度分布对于幂函数的偏离造成了明显的影响。

当子系统是随机网络，在模拟中计算了 $f_r - f_l$，并通过数值计算获得了分析

预言的这个差的最大值。图 2.18(c) 所示是差值与耦合强度 ε 的关系。图 2.18(d) 所示是差值与子系统的平均度 $\langle k \rangle$ 的关系。差值 $f_r - f_l$ 的上限的分析结果对数值模拟结果给出了一个很好的限制。

尽管建立大-大耦合和移除大耦合增加了导致和阻止同步的效率,但是在随机网络构成的系统中分析结果限制了效率只是在一个小的范围内增加,这个范围远小于无标度网络。

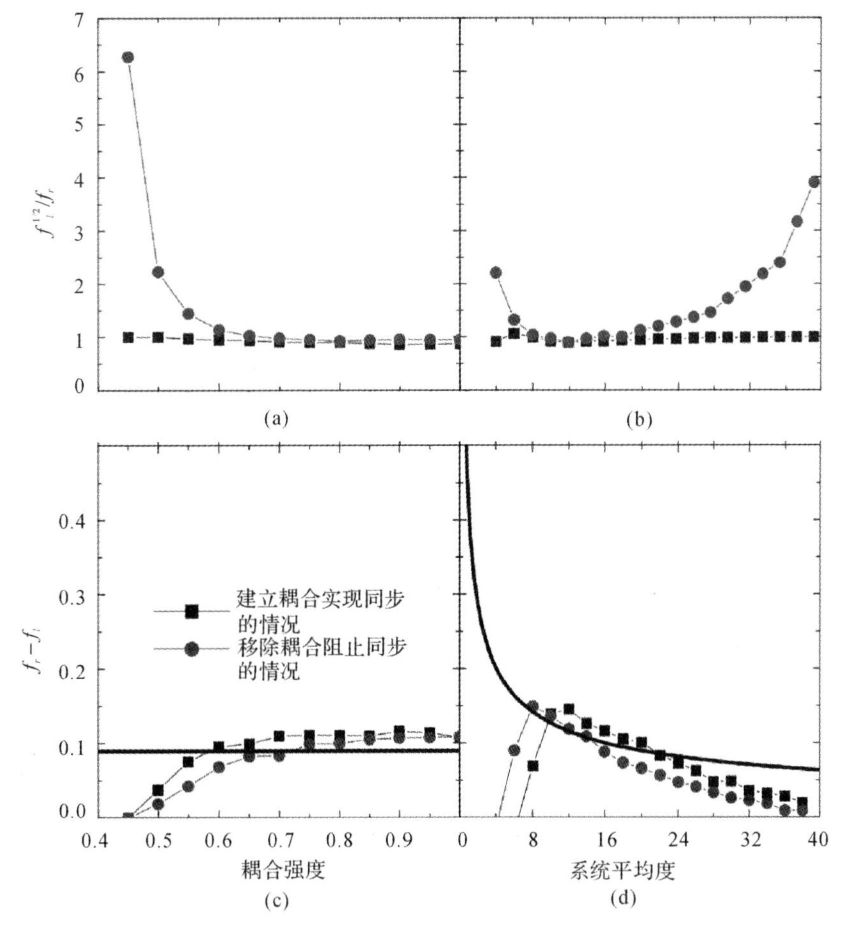

图 2.18　分析结果与数值模拟结果的比较

(a)(b)无标度网络;(c)(d)随机网络

2.3.3　总结与讨论

下面对本节做一个总结,并讨论结果具有的潜在意义。本节研究了复杂网络的度分布在一个由两层网络组成的系统中对于同步的影响;研究了子系统之间的三种耦合方式:大-大耦合、随机耦合和小-小耦合;发现度大的神经元之间的耦合在同步中起一个重要的作用。对于大-大耦合方式,系统需要更少的耦合去实现同步,对于随机网络和无标度网络都是如此。移除度大节点之间的耦合,能够有效地阻止同步的实现。当子系统是无标度网络时,这种重要性更加突出。根据模拟得到的结果,这个工作中合理地假定一层网络中参与相互耦合的神经元的总度有一个阈值,它决定这系统是否能够同步。通过这个假定,进行了一个分析处理。分析发现度分布,而不是其他更复杂的拓扑属性,影响网络在同步中的效率。并且通过在度大的神经元之间建立耦合,在无标度网络组成的系统中实现同步的效率明显高于随机网络组成的系统。在阻止网路同步中,无标度网络同样比随机网络更加高效。

在度大节点的作用和无标度的效率之外,另一个重要的发现是,网络存在一个稀疏的理想连接密度。在具有这个密度的子网络组成的系统中可以用最少的耦合实现同步。这是一个同步效率最高的网络密度。在这个工作中定性分析了它存在的机制。它的存在为理解复杂网络的稀疏本质提供了一个有价值的参考。在后面的工作中还将讨论复杂网络的稀疏本质问题。

虽然结果基于一个简单的神经网络模型,但这里发现的结果适用于更广泛的情况和更真实的情况。只要神经元的动力学依赖于它们的局域场,这里的结果就可以被看作一个合理的近似。自然是否利用无标度结构在网络同步中的作用也是一个有趣的问题。

参考文献

[1] Pikovsky A, Rosenblum M, Kurths J. Synchronization: A Universal Concept in Nonlinear Sciences[M]. Cambridge: Cambridge University Press, 2003.

[2] Arenas A, Díaz-Guilera A, Kurths J, et al. Synchronization in complex networks[J]. Physics Reports, 2008,469(3):93 - 153.

[3] Rabinovich M I, Varona P, Selverston A I, et al. Dynamical principles in neuroscience[J]. Reviews of Modern Physics, 2006,78(4):1213.

[4] Singer W. Neuronal synchrony: A versatile code for the definition of relations[J]. Neuron, 1999,24:49 - 65.

[5] Uhlhaas P J, Singer W. Neural synchrony in brain disorders: relevance for cognitive dysfunctions and pathophysiology[J]. Neuron, 2006,52(5): 155 - 168.

[6] Netoff T I, Schiff S J. Decreased neuronal synchronization during

experimental seizures[J]. J Neurosci, 2002, 22(16):7297 - 7307.

[7] Lago-Fernández L F, Huerta R, Corbacho F, et al. Fast response and temporal coherent oscillations in small-world networks[J]. Phys Rev Lett, 2000, 84(12):2758 - 2761.

[8] Percha B, Dzakpasu R, Zochowski M, et al. Transition from local to global phase synchrony in small world neural network and its possible implications for epilepsy[J]. Phys Rev E, 2004, 72(1):031909.

[9] Feldt S, Osterhage H, Mormann F, et al. Internetwork and intranetwork communications during bursting dynamics: applications to seizure prediction[J]. Phys Rev E, 2007, 76(2):021920.

[10] Sakaguchi H. Instability of synchronized motion in nonlocally coupled neural oscillators[J]. Phys Rev E, 2006, 73(3):031907.

[11] Zillmer R, Livi R, Politi A, et al. Desynchronization in diluted neural networks[J]. Phys Rev E, 2006, 74(3):036203.

[12] Sayin U, Rutecki P A. Group i metabotropic glutamate receptor activation produces prolonged epileptiform neuronal synchronization and alters evoked population responses in the hippocampus[J]. Epilepsy Research, 2003, 53(3):186 - 195.

[13] vanDrongelen W, Lee H C, Hereld M, et al. Emergent epileptiform activity in neural networks with weak excitatory synapses[J]. IEEE Trans Neural Syst Rehabil Eng, 2005, 13:236 - 241.

[14] Andrew A M. Spiking neuron models: Single neurons, populations, plasticity[J]. Kybernetes, 2002, 4(7/8):277 - 280.

[15] Hasegawa H. Responses of a hodgkin-huxley neuron to various types of spike-train inputs[J]. Phys Rev E, 2000, 61(1):718 - 726.

[16] Wang X J, Buzsaki G. Gamma oscillation by synaptic inhibition in a hippocampal interneuronal network model[J]. J Neurosci, 1996, 16(20): 6402 - 6413.

[17] Wang S, Wang W, Liu F. Propagation of firing rate in a feed-forward neuronal network[J]. Phys Rev Lett, 2006, 96(1):018103.

[18] Hansel D, Mato G, Meunier C. Synchrony in excitatory neural networks [J]. Neural Computation, 1995, 7(2):307 - 337.

[19] Hansel D, Mato G, Meunier C. Phase dynamics for weakly coupled hodgkin-huxley neurons[J]. Europhys Lett, 2007, 23(5):367 - 372.

[20] Drover J, Rubin J, Su J, et al. Analysis of a canard mechanism by which

excitatory synaptic coupling can synchronize neurons at low firing frequencies[J]. SIAM J Appl Math, 2004, 65(1):69 - 92.

[21] Levina A, Herrmann J M, Geisel T. Dynamical synapses causing self-organized criticality in neural networks[J]. Nat Phys, 2007, 3(12): 857 - 860.

[22] Morelli L G, Zanette D H. Synchronization of stochastically coupled cellular automata[J]. Phys Rev E, 1998, 58(1):R8.

[23] Zanette D H, Mikhailov A S. Mutual synchronization in ensembles of globally coupled neural networks[J]. Phys Rev E, 1998, 58(1): 872 - 875.

[24] Li Q, Chen Y, Wang Y H. Coupling parameter in synchronization of diluted neural networks[J]. Phys Rev E, 2002, 65(4):041916.

[25] Stauffer D, Aharony A, Costa L D F, et al. Effcient hopfield pattern recognition on a scale-free neural network[J]. The European Physical Journal B, 2003, 32(3):395 - 399.

[26] Bar-Yam Y, Epstein I R. Response of complex networks to stimuli[J]. Proc Natl Acad Sci USA, 2004, 101(13):4341 - 4345.

第3章 神经网络中的自组织临界态

3.1 自组织临界态

3.1.1 沙堆模型

自组织临界态是在沙堆模型[1]中提出的。它描述的现象是在缓慢增加沙粒的过程中沙堆多数时间保持稳定,少数时候沙粒的加入引起雪崩式的倒塌。倒塌的规模遵守幂律分布,这与逾渗临界点上的集团尺寸分布一致。沙堆模型是非平衡系统,不需要调节参数而是在弱驱动下自组织到这种状态。此状态被称为自组织临界态。

巴克等人提出的自组织临界态的沙堆模型如下:在一个正方形格子上每个格点有一个元胞自动机,每个自动机有一个整形变量 z。元胞自动机描述的沙子的相互作用如下:当所有的格点上变量 z 都不超过阈值时,随机选择一个格点,给它的变量 z 增加 1。当一个格点上变量 z 超过阈值时,它发生坍塌,并且把沙子分配给四个邻居:

$$
\begin{aligned}
&z(x,y) \rightarrow z(x,y)-4 \\
&z(x\pm 1,y) \rightarrow z(x\pm 1,y)+1 \\
&z(x,y\pm 1) \rightarrow z(x,y\pm 1)+1
\end{aligned}
\tag{3.1}
$$

在这个模型中没有可调参数。这里使用固定边界条件。在格子的边界上令变量 $z=0$。当一个格点上发生倒塌时,它的邻居获得沙子,变量 z 升高。此时这些邻居也可能超过阈值,发生倒塌,所以可能形成级联式的活动。这种活动被称为雪崩。当雪崩发生的时候,不再给系统输入。由于边界上的耗散,雪崩将会停止。在一次雪崩中发生倒塌的格点数量被用来衡量雪崩的大小,称为雪崩尺寸。雪崩停止后,继续随机地给系统增加沙粒,使变量 z 增大。

计算机模拟的结果显示,雪崩的尺寸符合幂律分布。图 3.1 所示结果是在一个边长为 40 的正方形晶格上进行模拟得到的雪崩尺寸分布。在对数-对数坐标系中,分布的左段是一条直线。这说明它符合幂函数。分布的右段,即雪崩尺寸接近系统尺寸的情况下,分布具有一个指数函数的截断。这个截断是尺寸效应导致的。

这个雪崩尺寸分布是自组织临界态的一个主要标志。在多个领域中，通过雪崩尺寸分布可以判断系统是否达到了自组织的临界态。

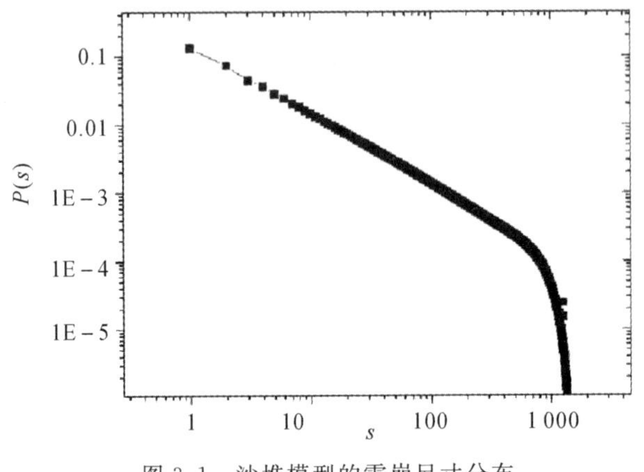

图 3.1　沙堆模型的雪崩尺寸分布

3.1.2　自然界中的自组织临界态

自组织临界态出现在多种自然现象中。它给出了对于地震的主要统计性质——震级分布 GR 定律的理解[2]。在缓慢驱动下，非晶态二维固体中的空间关联表现出临界性[3]，竹筷折断时发出的声音满足地震的 GR 定律[4]。太阳耀斑的活动中磁场能量耗散以雪崩形式发生[5]，紫外图像表现出自组织临界态的性质[6,7]。自组织临界态存在于磁约束等离子体中[8]，被认为是理解其反常输运的一种候选机制[9]。在瑞利-贝纳德对流进入湍流态之前，底层的厚度通过发射不规则羽流自组织到临界态[10]。六角形晶格排列的肥皂泡，泡膜厚度热涨落的积累导致肥皂泡破裂的临界雪崩[11]。人类在通过预估-尝试-调整的方式控制手臂实现平衡行为的过程中，活动幅度表现出临界的特征[12]。

脑内部电活动中具有临界态的特征。在这方面最早的研究是理论的研究，巴克等人预言大脑应当工作在临界状态。在《大自然如何工作》一书中他们做了一些原理性的概括。如果神经元活动斑图表达信息，那么在亚临界，输入只能激发很少的神经元，所以只能利用已经编码在网络中的信息的很少一部分。如果在超临界态，各种输入都能激发所有的单元，那么只能表达一种信息。如果信息传递路径是处理信息的手段，那么亚临界的缺点是信息只能传播很小的范围，超临界的缺点是，所有的神经元都在活动，信息将被淹没在噪声中。

在 2002 年，有人去检验了这样的假设[13]。在该研究工作中，癫痫病患者的头部植入电极。电极记录到的信号具有大小不等的波动。使用 1/4 s 宽的时间窗口计算每一段上的波动大小，发现这个衡量波形的量具有幂律分布。并且在大的波动波形之间,间隔时间也是幂律分布的。所以他们在实验中得到了一个大脑处于自组织临界态的证据。

一个更加全面的证据是2003年得到的[14]。振荡、波、同步这些概念是研究神经活动时常用的物理概念。但是,物理学家又发现了一种新的运动状态,即临界雪崩状态,所以他们要研究这种状态是否存在于神经活动中。他们用一个微电极阵列记录大鼠的皮层切片的电活动,每个电极记录一个波动的电位。给电位取一个阈值,电极测量值超过阈值的时间是间断的出现的。使用小的时间窗口对于跨阈值时间进行离散化。如果连续两个窗口中都出现了跨阈值事件,就认为这些事件属于同一次雪崩,是信号在皮层中传播导致的。雪崩不会持续下去,会被空白窗口中断。雪崩中的跨阈值事件的数量被用作雪崩尺寸。研究表明这个尺寸是幂律分布的。他们给出了健康的大脑皮层时间空间活动具有自组织临界性的证据。

此后又出现了更多的实验结果。例如,此后又在活的猴子[15]和猫的[16]大脑皮层上得到了一致的实验结果。看起来临界态在正常的大脑皮层上普遍存在。

除了研究大脑皮层是否处于自组织临界态,还有研究讨论了临界态和功能的联系。一些理论研究证明了临界态具有功能上的优势。首先,当神经网络处于临界雪崩状态时,网络的亚稳态最多[17]。这种亚稳态是网络活动时表现出来的神经元活动的关联模块。如果亚稳态对应记忆,那么临界态的记忆容量最大。

其次,临界态的动力学区间最大。这反映了临界态能在最大的强度范围内处理信号[18],这一点在实验中得到了证明[19]。通过添加药物,大脑皮层切片可以偏离临界态,这时候它的动力学区间是减小的。

3.1.3 临界态的鲁棒性

在大脑中临界态是鲁棒的,它在多种实验中都被观察到了。这种情况下,系统所处的环境,系统内部的动力学都比通常的自组织临界态模型更加复杂。在物理模型中,通常进行理想化的处理,忽略多种在真实神经网络中存在的结构和动力学特性。例如大脑中的神经元之间的相互作用强度是可以变化的,但是沙堆模型没有可调参数。在考虑神经网络的临界态时,可调参数对于临界态的影响是需要考虑的。在这种系统中,临界态如何鲁棒地出现的? 这是一个重要的问题。

这方面最早的研究是参考文献[20]。他们在神经网络模型中考虑了真实神经网络的动力学属性,研究了自组织临界态的鲁棒性。研究表明生物中真实存在的短时突触可塑性可以扩展临界态出现的耦合强度参数区间。这种效应在全局耦合网络中得到了证明。这种效应可以有效地对抗神经网络中神经元相互作用强度的变化,把网络维持在临界态的附近。

这里介绍等级模块化网络结构对于神经网络自组织临界态鲁棒性的影响。大脑中的神经网络具有复杂的内部结构。在解剖研究中已经看到一种结构特征是脑皮层网络是通过等级模块化方式组织起来的，从最小的皮层柱中的回路、皮层区域，到脑区的集团[21-24]。在一个皮层柱、皮层区域、脑区中，神经元的连接更为稠密，在这些局域集团之间神经元的连接更为稀疏。这些连接具有典型的模块性，并且具有等级特性。

直观地看，等级模块化网络阻碍雪崩在整个网络中的传播，因为模块之间的连接概率低，连接数量少。但是计算机模拟的结果表明，这种网络结构的效应却复杂得多。下面分别介绍与临界态相关的几个方面的性质[25]。

3.2 动态突触神经网络模型

首先构造一个有向的随机网络。任意一个节点对 ij 以概率 p 连接起来。连接矩阵被表示为 $[a_{ij}]$。如果节点 j 有一条输出边连接到节点 i，那么矩阵元素 $a_{ij}=1$，否则 $a_{ij}=0$。从一个随机网络开始，按照如下方法把它修改成等级模块化网络：首先网络被划分成两个具有相同尺寸的模块，它们之间的连接被重新连接。连接的方法是，模块之间的一条连接 $i \leftarrow j$ 以概率 R 被切断，然后在节点 j 所在的集团中随机地选择一个新的节点 k，建立一条从节点 j 到节点 k 的连接。这种重连减少了模块之间的连接数，增加了模块内部的连接数。当所有的模块之间的连接被考虑以后，得到了一个 1 层的模块化网络。

为了得到多层的模块化网络，可以把每一个模块再次拆分成两个大小相等的模块。在拆分的时候，使用相同的重连概率 R。对于一个 l 层的神经网络，模块的数量是 $m=2^l$。这个模型也可以方便地扩展为超过两个子模块的情况。图 3.2 所示是两个子模块的连接密度矩阵和连接矩阵的例子。

网络经历了 3 次重连，具有三个等级。网络尺寸是 $N=1\,024$，网络的连接概率是 $p=0.012$，重连概率是 $R=0.9$。

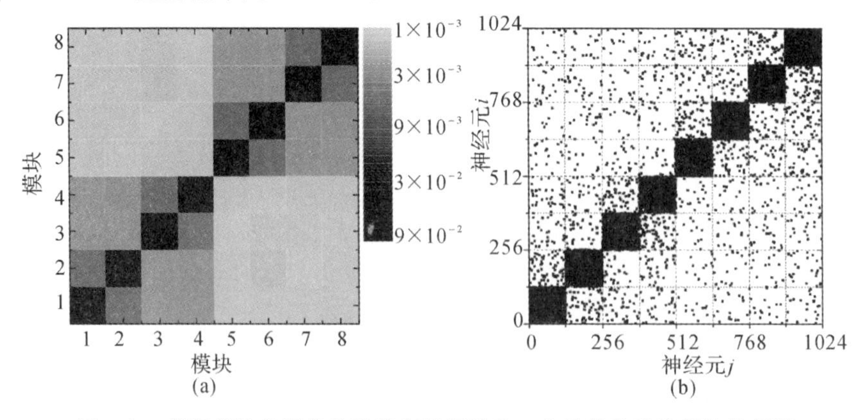

图 3.2　等级模块化网络的连接密度矩阵和一个具体的连接矩阵的例子

经过重连以后，一个均匀的随机网络被修改为模块化网络，同时网络中总的链接数量保持不变。于是这个网络可以与初始的随机网络进行比较。

考虑的网络由 N 个积分发放神经元组成。刻画神经元的量是膜电位 $V_i(t)$。当膜电位超过阈值 $\Theta=1$，神经元发出一个动作电位，膜电位被重置 $V_r=V-\Theta$。这个动作电位经过一个固定的延时 τ_d 被发送到突触后神经元。描述神经元动力学的方程如下：

$$\frac{\mathrm{d}V_i}{\mathrm{d}t}=\delta_{i,\xi_\tau}(t)I^{\mathrm{ext}}+\frac{1}{\langle k\rangle}\sum_{j=1}^{N}\sigma_{ij}\delta(t-t_{sp}^j-\tau_d) \tag{3.2}$$

其中 $\langle k\rangle$ 是网络中节点的平均度。网络接收到的外界输入是一个随机过程 $\xi_\tau\in\{1,\cdots,N\}$，即以一个速率 τ 选择神经元 $\xi_\tau(t)=i$，增加它的膜电位，增加量为 I^{ext}。σ_{ij} 是神经网络内部神经元之间的相互作用强度。实验中发现[26, 27]突触具有短时可塑性：突触的强度随着递质的消耗与恢复而发生变化。在这个模型中，相互作用强度是

$$\sigma_{ij}=a_{ij}uJ_{ij} \tag{3.3}$$

变量 J_{ij} 表示突触的效能，它受到如下动力学的支配：

$$\frac{\mathrm{d}J_{ij}}{\mathrm{d}t}=\frac{1}{\tau_J}\left(\frac{\alpha}{u}-J_{ij}\right)-uJ_{ij}\delta(t-t_{sp}^j) \tag{3.4}$$

神经元 j 发出一个动作电位的时间被记为 t_{sp}^j。当一个动作电位到达突触时，神经递质以一个特定的概率 u 被释放。在方程中神经效能的减少量是 uJ_{ij}。如果突触前神经元是静熄的，突触逐渐恢复，它的强度将达到 $\frac{\alpha}{u}$，恢复过程的时间尺度是 τ_J。这里的参数 α 决定了最大突触连接强度和每个突触信号的强度 uJ_{ij}。所以参数 α 被称为网络的耦合强度。因为可塑性，网络中的有效耦合强度 $\langle J_{ij}\rangle u$ 的值应当小于 α。有效耦合强度也依赖于网络的活动，它是被网络的耦合强度 α 控制的。在后面的模拟中使用参数 $p=0.012$，$I^{\mathrm{ext}}=0.025$，$u=0.2$ 和 $\tau_J=2\,000$。网络的定性特征对于这些参数的取值并不敏感。在大多数模拟中，考虑网络包含 $N=2^{10}$ 个节点。但是也将讨论网络尺寸的效应。

在这个网络中，当一个神经元产生一个动作电位，在网络中它的邻居的膜电位被抬高，那么这些邻居可能发出动作电位。于是动作电位可以在网络中传播，从而形成一次雪崩。在这个模型中，雪崩定义为一个外界输入动作电位引发的网络的活动，当网络没有神经元被激发的时候网络的一次雪崩终止。

3.3 等级模块化网络的临界态

研究临界态的第一步是判断系统能否达到临界态。临界态的标志是雪崩尺寸分布。首先计算等级模块化网络上的雪崩尺寸分布 $P(L)$。这个等级模块化网络是使用重连概率 $R=0.9$ 得到的，它具有三个等级 $l=3$。在图 3.3 中，为了便于比较，不同耦合强度 α 下的雪崩尺寸分布被画出来。当耦合强度比较弱，那些扩展到整个网络尺寸的大雪崩的数量少得可以忽略。这种状态对应着亚临界状态。当耦合强度比较强，雪崩尺寸分布是非单调的，大雪崩的数量很多。这种状态被称为超临界态。在一个中等的耦合强度上，雪崩尺寸分布遵循一个具有指数尾巴的幂函数。这说明网络达到了自组织临界态。网络动力学随着耦合强度的变化与全局耦合网络上的转变是一致的[20]先后经历了亚临界态、临界态和超临界态。所以，具有等级模块化网络结构的神经网络系统能够表现出与均匀网络一致的临界雪崩动力学。

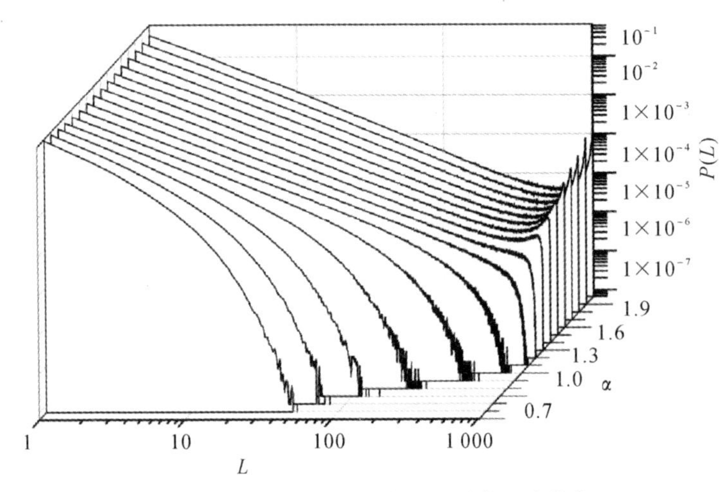

图 3.3 等级模块化网络上的雪崩尺寸分布

其次研究，相对于均匀的网络，模块化结构是增强还是减弱临界态的鲁棒性。临界态的鲁棒性用耦合强度 α 的参数区间宽度来表示，在这个区间内网络可以达到近似的临界态。为了计算这个临界区间，把雪崩尺寸分布 $P(L)$ 拟合到一个幂律函数，同时忽略掉这个分布的指数截断部分。我们的做法是只使用分布曲线的左端，即只使用 $L<N/2$ 的部分。这个分布与一个严格的幂律函数之间的均方偏差被用于判断分布函数是否遵守幂律函数，这个均方偏差被记为 Δ。

经过计算机模拟，图 3.4 给出了均方偏差的值 Δ 与网络耦合强度值 α 之间的关系。对随机网络和不同重连概率的模块化网络进行比较。值得注意的是低偏差区间可以被模块化网络结构放大。相对于随机网络,模块化网络在更大的耦合强度区间上表现出低的拟合偏差。当网络的重连概率过大的时候,例如 $R=0.99$,偏差的值被剧烈地抬升,雪崩尺寸分布远远地偏离了一个幂律函数。

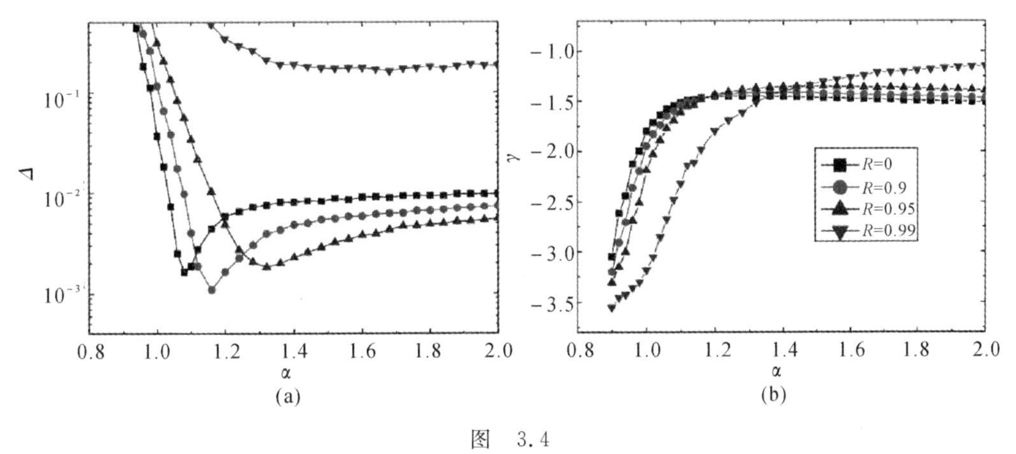

图 3.4

(a)雪崩尺寸分布函数与严格的幂函数之间的均方偏差随着网络耦合强度的变化;

(b)雪崩尺寸分布函数的幂指数随着耦合强度的变化

通过计算机模拟可以得到雪崩尺寸分布函数的幂指数 γ 作为耦合强度的函数。在图 3.4(b)中对于随机网络和不同的模块化网络,画出了这些函数关系。可以看到在低拟合偏差的区间中,无论是随机网络还是模块化网络,分布函数的幂指数都接近-1.5,所以等级模块化网络上的雪崩动力学与全局耦合强上的临界态属于同一类。它们都表现为一种等效的临界分支过程[28]。对于具有有限大小的网络,最低均方偏差值,记为 $\Delta_{\min}$,对应的耦合强度值被当作系统的临界点。

均方偏差的最小值 $\Delta_{\min}$ 与重连概率 R 之间的关系在图 3.5(a)中。随着重连概率的增大,最低偏差的值首先减小,然后转变为增大。最低偏差值的曲线说明,相对于随机网络,等级模块化网络可以使得雪崩尺寸分布更加接近与一个严格的幂律函数。图 3.5(a)的小图展示了在随机网络在临界点的雪崩尺寸分布,以及等级模块化网络(重连概率 $R=0.9$)的雪崩尺寸分布。等级模块化网络结构使得分布函数的截断向右移动了。因此,分布函数对幂律函数的偏差被减小了。

耦合强度的临界区间宽度可以作为临界态鲁棒性的量度。为了计算临界区间的宽度,使用均方偏差的一个阈值

$$\Delta_{\mathrm{th}}=2\Delta_{\min}\quad(R=0)$$

其中,$\Delta_{\min}(R=0)$是随机网络的临界点上的均方偏差值。对于不同的等级模块化网络,使用相同的阈值。当均方偏差低于这个阈值,认为系统近似地处于临界态。

使用这样的阈值而不是一个常数，有利于考虑不同的网络尺寸。因为最低拟合偏差是随着网络的尺寸变化的。图 3.5(b)给出了临界区间宽度与重连概率 R 的关系。这个临界区间宽度显著地被等级模块化网络加宽，因此网络的自组织临界态的鲁棒性在等级模块化网络上得到了提升。

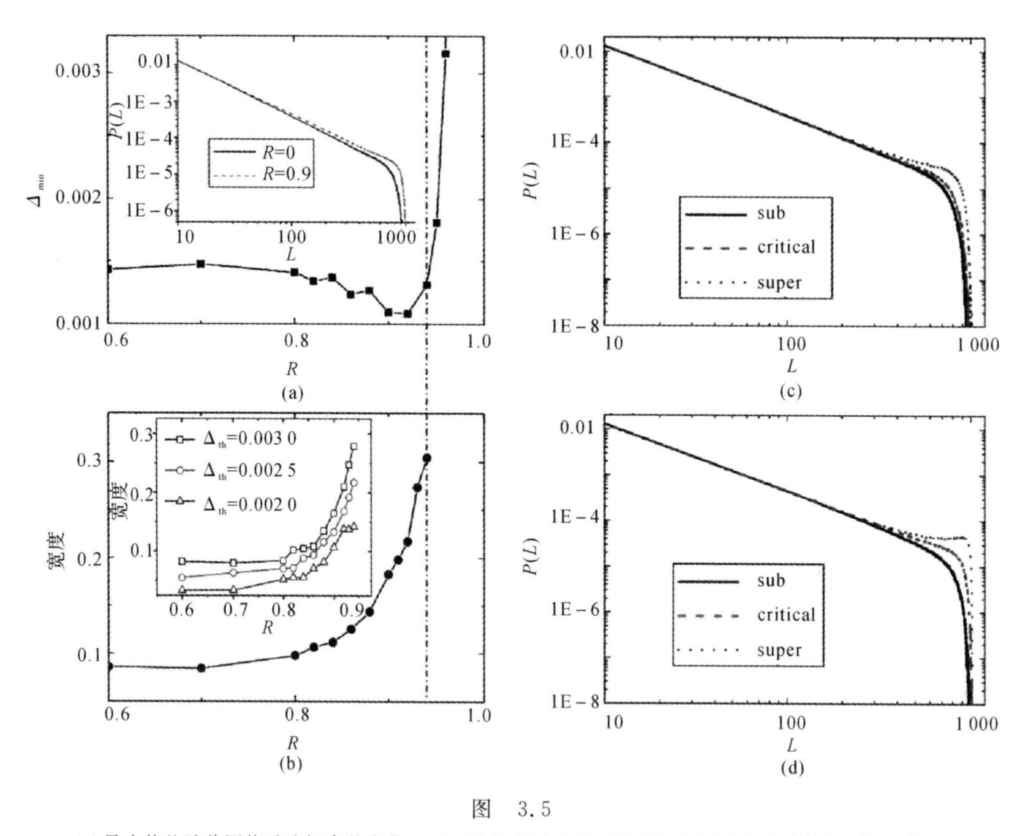

图 3.5

(a)最小偏差随着网络重连概率的变化；(b)临界态的参数区间宽度与网络的重连概率之间的关系；(c)(d)随机网络与等级模块化网络在不同耦合强度下的雪崩尺寸分布

此外，在临界区间的边界上，即偏差等于阈值 $\Delta=\Delta_{\mathrm{th}}$ 的情况下，雪崩尺寸分布的实例被画出来了。图 3.5(c)和(d)分别是随机网络和等级模块化网络的结果。值得注意的是，在分布曲线的尾部，临界态的曲线与边界上的状态不同。而随机网络上二者的差别更小，等级模块化网络上二者的差别更大。产生这个结果的原因是，等级模块化网络分布曲线的截断向右移动了。

可以选用不同的阈值去计算临界区间的大小，但是定性的结果不发生变化。等级模块化网络能够提升自组织临界态的鲁棒性。

能够最大程度上扩大自组织临界态鲁棒性的等级模块化网络明显地不同于均匀网络。为了说明它们之间的差别，计算模块之间的连接占网络全部连接的比例，把它记为f_{ext}。对于一个随机网络，如果把它等效看作一个 l 等级的模块网络，即认为它有 $m=2^l$ 个 模块，那么

$$f_{\text{ext}}=\frac{m-1}{m} \tag{3.5}$$

在 3 等级网络的情况下 $f_{\text{ext}}=7/8$。当重连概率 $R=0.9$ 时，这个比例被减小为 0.14。模块网络结构可以用模块性进行定量化[29]，记为 Q。其定义为[30]

$$Q=\sum_k(e_{kk}-a_k^2) \tag{3.6}$$

其中，e_{kl} 是模块 k 和模块 l 之间的连接在整个网络的连接中所占的比例。其中

$$a_k=\sum_l e_{kl} \tag{3.7}$$

当重连概率 $R=0.9$ 时，具有三个等级的模块化网络的模块性是 0.73。

图 3.6 给出了最小拟合偏差 $\Delta_{\min}$ 与等级模块化网络的模块性 Q 之间的关系。这里考虑了不同的等级以及不同的网络尺寸。在不同等级的网络中都可以看到等级模块化网络性可以增大网络临界态的鲁棒性。对于网络尺寸为 $N=512$ 的情况，最佳等级数是 $l=2$ 或 3。它们给出的 $\Delta_{\min}$ 最小。结果如图 3.6(a) 所示。当网络尺寸是 $N=1\ 024$ 时，最佳等级数是 $l=3$。如图 3.6(b) 所示，它给出的 $\Delta_{\min}$ 最小。所以最佳等级数依赖于网络的尺寸。图 3.6 的结果表明，越大的网络需要越多的模块，来实现网络临界态鲁棒性的最大化。理想等级数随着网络尺寸缓慢地增加，近似地以对数的方式依赖于网络尺寸。

对于等级模块化网络来说，当等级数达到最优时，最低的拟合偏差出现在中等模块性上。相似地，有研究表明，模块化网络在中等模块性下使得皮层网络可以同时分离以及整合多种感觉信息[31,32]。

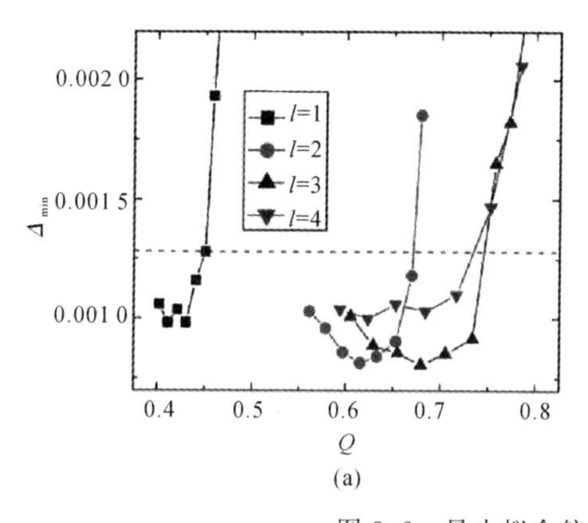

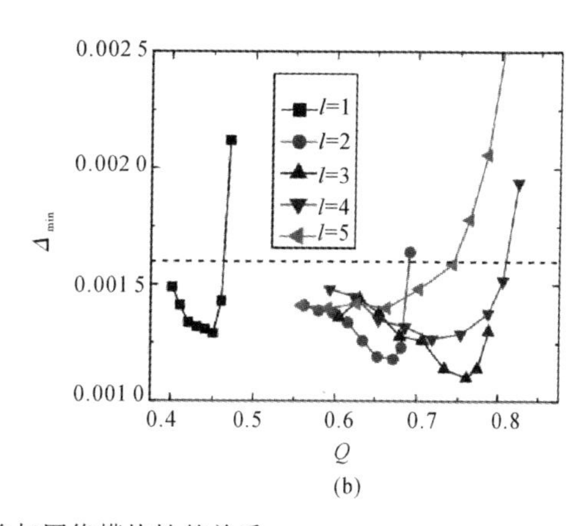

图 3.6 最小拟合偏差与网络模块性的关系

(a)网络尺寸为 $N=512$； (b)网络尺寸为 $N=1\ 024$

3.4 等级模块化网络上的雪崩

本节研究等级模块化网络结构对神经网络雪崩动力学的影响。首先对随机网络的雪崩行为和等级模块化网络的雪崩行为作一个比较。这里选用的耦合强度是 $\alpha=1.2$。等级模块化网络具有三个等级。随机网络处于超临界态。神经元的发放时间图在图 3.7(a)中。网络中出现很多扩展到整个网络的雪崩。模块化网络的神经元发放时间图在图 3.7(b)和(c)中。雪崩斑图明显地被模块化结构改变了。在重连概率 $R=0.9$ 的模块网络中,一些雪崩被限制在模块内部,大的雪崩减少了。雪崩斑图如图 3.7(b)所示。当重连概率 $R=0.99$ 大雪崩被进一步减少了,更多的雪崩被限制在模块内部,如图 3.7(c)所示。

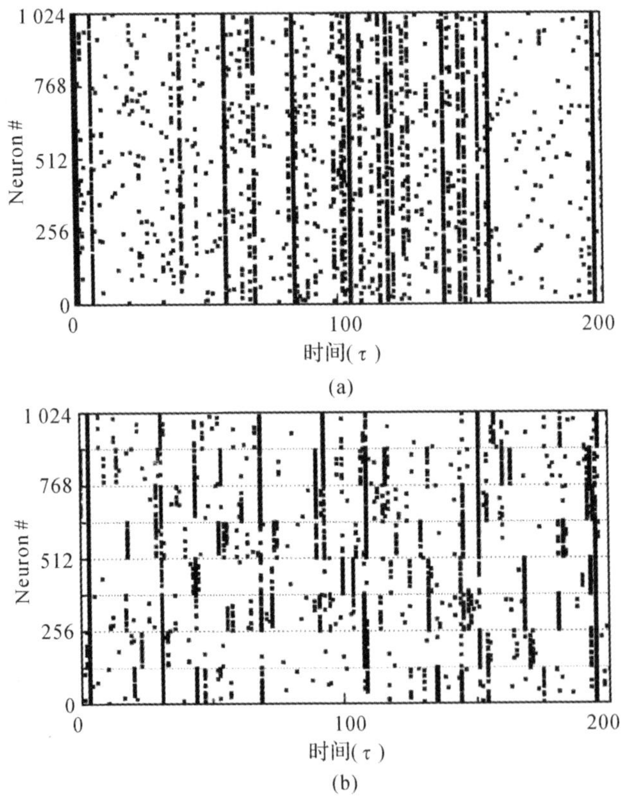

图 3.7 神经元发放动作电位的时间图

(a) $R=0$; (b) $R=0.9$

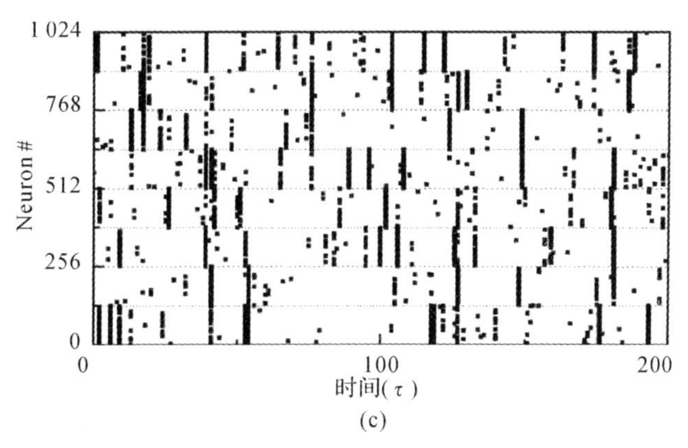

续图 3.7 神经元发放动作电位的时间图

(c)$R=0.99$

为了定量地测量模块结构对于雪崩传播的限制效应，计算参与一次雪崩的模块数量。对于这个计算，特别小的雪崩和特别大的雪崩不依赖与网络结构。所以选用中等的雪崩尺寸进行计算。这里考虑的雪崩尺寸是 $200<L<300$。通过计算机模拟，得到参与雪崩的模块数量，它的分布如图 3.8 所示。系统参数为 $\alpha=1.2$，$N=2^{10}$，$l=3$。对于随机网络，雪崩几乎总是传播到与模块相对应的所有子网络。当重连概率 $R=0.9$，大多数雪崩涉及了所有的模块，雪崩传播到 6 个或 7 个模块的概率比较小。这些结果表明，在等级模块化网络上，当模块之间的连接不是特别稀疏的情况下，临界态的平均场理论仍然是合理的近似。当重连概率 $R=0.99$，大多数雪崩不能传播到 8 个模块。图 3.8 内部的小图给出了这种效应的一个直观的说明，它是网络的雪崩尺寸分布。这个分布函数与幂律函数的差别很大。各个模块已经处于超临界状态。分布函数上，在模块尺寸处($N/8=128$)分布函数的尖峰说明了超临界的产生。但是由于传播被限制，整个网络的雪崩尺寸分布与亚临界态相似。

一个有趣的问题是理解模块内部的雪崩与整个网络的雪崩之间的关系，以及模块内的雪崩如何与整个网络的雪崩混合。我们计算了一个模块中参与一个雪崩的神经元数量。对于随机网络，可以把它看作模块的耦合，进行了相应的计算。系统的参数是，网络尺寸 $N=2^{10}$，等级数 $l=3$。图 3.9(a) 给出了整个随机网络的雪崩尺寸分布和子网络中的分布。雪崩在所有子网络中是一致的，局部的分布与整体上相似。子网络的分布，仅仅在截断位置上与整个网络不同。

在模块化网络中，模块内的雪崩尺寸分布与随机网络的情况不同。图 3.9(b) 表明在模块内部大雪崩的概率相对于整个网络更大。两个分布的斜率是不同的。这是因为在模块化网络中，一些大的雪崩事件涉及一个模块内的许多神经元和其他模块的少量神经元。对于重连概率 $R=0.95$,图 3.9(c)的分布表明模块内部的活动是超临界的。但是,不同模块内部大的雪崩与小的雪崩的混合导致了整个网络的雪崩尺寸接近于幂律函数。需要指出的一个重要的事实是,图 3.9(c)给出的结果与实验中看到的结果[14]是一致的。在实验结果中,整个电极阵列的行为没有表现出分布函数尾部的峰,而部分电极的行为在分布的尾部有一个峰。

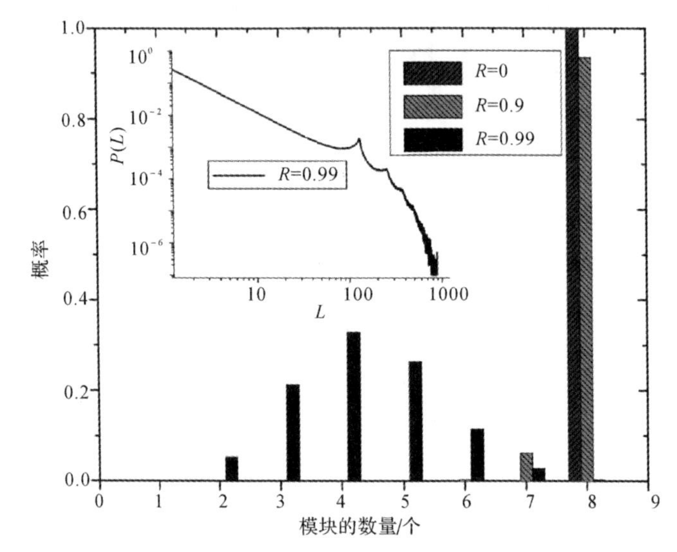

图 3.8　参与雪崩的模块数量的分布

小图:重连概率 $R=0.99$ 的模块网络中雪崩尺寸的分布

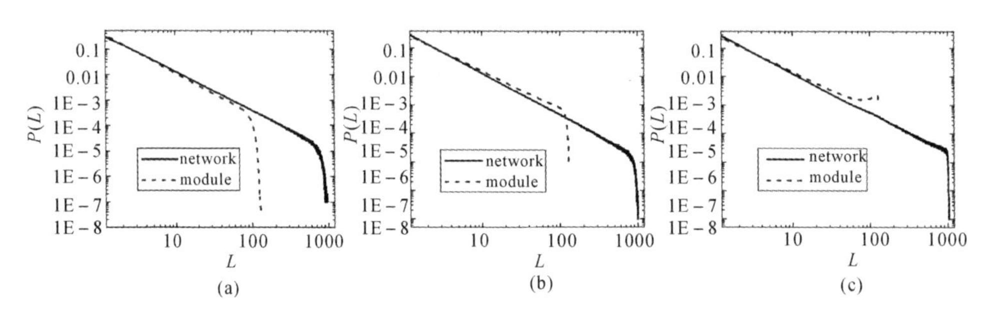

图 3.9　整个网络的雪崩尺寸分布(实线)和模块内的雪崩尺寸分布(虚线)

(a)随机网络; (b)重连概率 $R=0.9$; (c)重连概率 $R=0.95$

3.5　临界分支过程

通过使用临界分支过程,可以得到对于自组织临界现象的深入理解[28]。该理论将神经元之间的信号进行了简化,一个神经元发出动作电位后它以一定的激发概率使邻居从静息态转变为激发态。

在随机网络上模型如下：神经元具有 n 个状态，静息态是 $s=0$，发放动作电位的态是 $s=1$。不应期 $s=2,\cdots,n-1$。当静息态神经元($s=0$)受到刺激的时候，它可能转变到状态 $s=1$。此后它进入不应期，状态从1转变为2，然后转变为3，直到状态 $n-1$。然后神经元回到静息态。网络中两个神经元 i 与 j 之间存在连接时，它们的相互作用用激发概率表示。当神经元 i 处于状态1，并且神经元 j 处于状态0，那么神经元以概率 P_{ji} 被激发。激发概率矩阵表达了神经元之间的相互作用。定义神经元的分支系数为

$$\sigma_i = \sum_j P_{ji} \tag{3.8}$$

它对应于下一步被激发的邻居数量。整个网络的平均分支系数是

$$\sigma = \sum_i \sigma_i / N \tag{3.9}$$

当分支系数等于1的时候，网络达到临界态[20]。在复杂网络中，临界条件是激发概率矩阵的最大本征值等于1[33]。这种简化模型的理论结果在多种网络结构上得到了证实。在使用更加真实的神经动力学的情况下，这些关于临界点的统计理论是否成立是更加关键的问题。

在这个动态突触神经网络中，可以检验关于临界点的理论。基于平均场近似，用网络中的有效耦合强度来进行分支过程分析。在动态突触神经网络中，突触强度随着神经递质资源的消耗和恢复而不断地进行调节。平均突触效能 $u\langle J_{ij}\rangle$ 是网络的有效耦合，决定该网络的统计行为。关于膜电位的一个良好的近似是在一次雪崩之前神经元的膜电位服从均匀分布，范围是 $[\varepsilon,\Theta]$。Θ 是产生动作电位的膜电位阈值，ε 是重置膜电位以后的最低值，即 $V_r = V(t_{sp}) - \Theta$ 的最低值。一个神经元被一个动作电位激发的概率为

$$p_{ij} = u\langle J_{ij}\rangle \frac{1}{\langle k\rangle} \frac{1}{\Theta - \varepsilon} \tag{3.10}$$

把网络中第 i 个神经元被激发的概率记为 p_i，通过分析 $p_i = 0$ 这个不动点的稳定性可以得到方程

$$p_i^{t+1} = \sum_j^N p_j A_{ij} \tag{3.11}$$

其中矩阵元素

$$A_{ij} = a_{ij} u\langle J_{ij}\rangle \frac{1}{\langle k\rangle} \frac{1}{\Theta - \varepsilon} \tag{3.12}$$

这个公式把神经网络动力学转变成了分支过程。网络处于在静态之下，可以利用线性近似写出

$$p_i^t = p_i^0 \lambda^t \tag{3.13}$$

从而得到本征方程

$$\lambda p_i = \sum_{j}^{N} p_j A_{ij} \tag{3.14}$$

所以网络从没有激发元素到有激发元素的临界态发生在矩阵 $\{A_{ij}\}$ 的最大本征值等于 1 的条件下。如果平均场近似成立，这个结果应当对于所有网络成立。

这个理论结果可以和模拟结果进行比较。在神经网络的计算机模拟中，计算出有效耦合强度 $u\langle J_{ij}\rangle$ 和 ε。在随机网络的临界点上，即拟合偏差最小的耦合强度下，利用有效耦合强度矩阵计算得到的最大本征值是 $\lambda_{\max}=0.992$。它比临界条件的理论值 1.0 略小一点。它是符合理论预言的。微小的误差来自于尺寸效应。所以在更加真实的神经网络动力学中，当系统具有随机网络结构，关于临界点的统计理论是可行的。

对于模块化网络，当其他参数给定时，改变网络的重连概率即模块化属性，在一个很大的参数范围内，网络的最大本征值 $\lambda_{\max}$ 几乎不发生变化。最大本征值对于模块化属性不敏感。但是当重连概率非常接近 1.0 时，最大本征值发生明显的变化。在临界点上，即表现出最小拟合偏差的耦合强度上，模块网络的最大本征值 $\lambda_{\max}>1$，如图 3.10 所示。系统的参数为网络尺寸 $N=2^{10}$，等级数 $l>3$。这个本征值表明网络中的局域动力学已经进入了不动点 $p=0$ 不稳定的区间。这个结果与图 3.9(c) 中观察到的结果一致，即雪崩在局域模块中已经达到了轻微的超临界。所以当网络具有高的模块性时，关于临界点的理论不再能够把最大本征值和整个网络的临界点联系在一起。直观地来看，理论与实际动力学的偏离来自于这样一个事实，在最大本征值等于 1 处，网络受到的扰动只在局部网络中传播，不能跨过模块传播到整个网络。整个网络上的雪崩传播需要更大的耦合强度。所以，平均场近似和稳定性分析不足以抓住那些跨越模块的雪崩动力学。

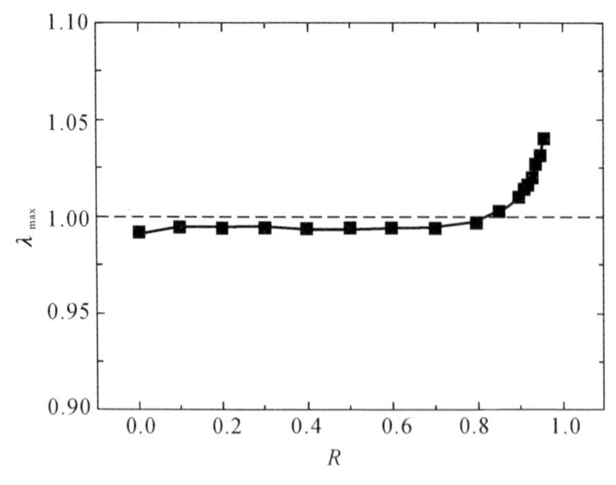

图 3.10　网络的有效耦合强度构成的矩阵的最大本征值

注：它们是在不同模块化程度的网络上计算的。网络尺寸 $N=2^{10}$，等级数 $l=3$

3.6 增强鲁棒性的机制

前面已经看到等级模块化网络增强了自组织临界态的鲁棒性。现在给出它发挥作用的机制，将证明这种作用来自于短期抑制可塑性和模块化网络结构的综合作用。在均匀的网络中网络状态决定于有效耦合强度 $u\langle J_{ij}\rangle$。在等级模块化网络上拟合偏差与有效耦合强度 $u\langle J_{ij}\rangle$ 的关系与随机网络上的关系相似，但是这条曲线向右平移，如图 3.11(a) 所示。模拟中使用的参数为网络尺寸 $N=2^{10}$，等级数 $l=3$。所以，当网络模块性不是特别强的时候，即网络仍然可以达到临界态的时候，有效耦合强度仍然能够用作网络状态的控制参数。

网络的突触强度与有效耦合强度之间是非线性关系，如图 3.11(b) 所示。这个非线性关系导致了临界区域左右侧的不对称。值得注意的是，$u\langle J_{ij}\rangle - \alpha$ 曲线的斜率随着突触强度的增大而减小。这是依赖于神经元活动的突触可塑性的结果。更大的突触强度趋向于缩短动作电位之间的间隔，从而使得突触只有更短的时间去恢复，突触的平均强度保持在较低的水平上。在有效耦合强度上临界点两侧的参数区间相等。但是因为这个非线性关系，导致了临界点的右侧即更大的突触强度一侧具有更大的参数区间，如图 3.11(b) 所示。系统的参数为网络尺寸 $N=2^{10}$，等级数 $l=3$。

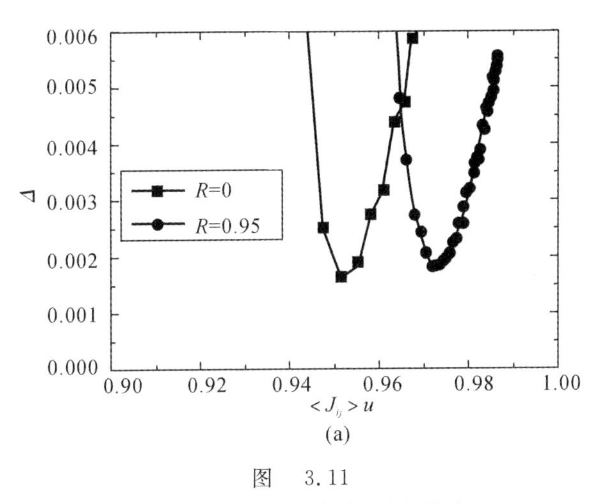

(a)

图 3.11

(a) 拟合误差与有效耦合强度的关系

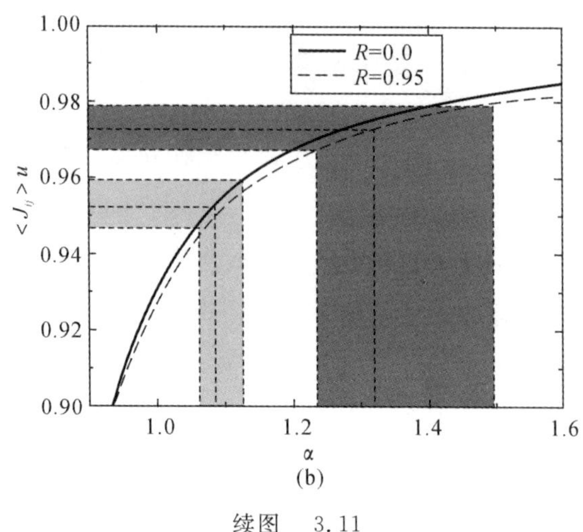

续图 3.11

(b) 有效耦合强度与突触强度的关系

在模块化网络上，突触可塑性的效应更加显著。模块内部稠密的连接导致更加同步的发放，它进一步导致突触的抑制更强。其结果是，在一个给定突触强度 α 下，等效耦合在模块化网络中变得比随机网络中更小。如图 3.11(b) 所示，等级模块化网络的 $u\langle J_{ij}\rangle-\alpha$ 曲线（点画线）在随机网络的 $u\langle J_{ij}\rangle-\alpha$ 曲线（实线）的下方。另一方面，雪崩被限制在模块内部，所以网络的其他部分只接收到来自激活模块的输入而不是来自所有模块的输入。因此，在随机网络的临界有效耦合强度下，等级模块化网络作为一个整体处于亚临界状态，而使用更大的有效耦合强度 $u\langle J_{ij}\rangle$ 才能产生临界态。

重要的是，$u\langle J_{ij}\rangle-\alpha$ 曲线的斜率随着突触强度 α 的增大而减小。当网络的临界点向右移动的时候，同样的有效耦合区间宽度对应着更大的突触强度 α 的区间宽度，如图 3.11(b) 所示。模块化结构导致的临界点右移和可塑性导致的 $u\langle J_{ij}\rangle-\alpha$ 曲线非线性关系共同导致了鲁棒性的提升。

3.7 动力学区间

在基于分支过程的神经网络统计模型中，临界态可以带来网络对于外界扰动的最佳响应范围[18]。因为网络同时具有对于刺激的敏感性和高的区分能力，在统计模型中，每个可激发节点在每一步以概率 s 被激发，发出动作电位。在亚临界，网络的响应能够区分信号，它的响应是线性响应，但是网络不能放大弱小的信号。所以在信号强度的参数空间上，网络的响应有很大一段是可以忽略的。在超临界态下，小的信号被网络放大，但是网络区分不同信号强度的能力比较差。当输入信号的强度比较大,网络的响应达到饱和,输出信号的强度没有差别。这种不能区分信号的参数区间,不是网络的动力学区间。关于动力学区间的定义,忽略了响应水平中最低的10%和最高的10%,选取响应的区间$[r_{0.1},r_{0.9}]$。它对应的刺激信号的强度区间$[s_{0.1},s_{0.9}]$就是动力学区间。动力学区间大小的量化定义是

$$\delta=10\lg(s_{0.9}/s_{0.1}) \tag{3.15}$$

它测量了网络在放大信号和区分信号强度两个方面综合的信号处理能力。在统计模型中动力学区间的宽度δ在临界态达到最大。

临界态的这种优势是否存在于更加真实的神经网络动力学中?这决定了真实的网络是否能够利用自组织临界态处理信息。下面的模拟研究了这一特性。这里的情况与分支过程模型不同。在分支模型中,一个动作电位激发其邻居的概率是固定的。在这里的动力学模型中,耦合强度始终随着神经元的活动发生变化。所以,当刺激比较大或者持续时间比较长,神经递质会被消耗掉,网络的响应在一个暂态以后变得微弱。图3.12表明了响应对于持续刺激的适应性。模拟中使用了一个尺寸为$N=2^{10}$的随机网络。这里模拟的是随机网络的响应。在模拟的每一步,随机选择一个神经元,将其激活。图中画出的是每一步网络中动作电位的个数。这里分别给出了亚临界、临界和超临界的结果。它们的耦合强度分别是$\alpha=0.5,1.1,2.0$。可以看到这三种状态的响应在经历一个最大值以后减小并趋于0。所以在这个神经网络中动力学区间应当考虑处理短暂信号的情况。在分支过程模型中,一个长的时间窗口被用于计算响应。在这个动态突触神经网络中,这种做法不再适用。事实上,在实验研究中[19],关于响应的测量也使用了针对暂态刺激的定义,只考虑很短的时间窗口中行为。

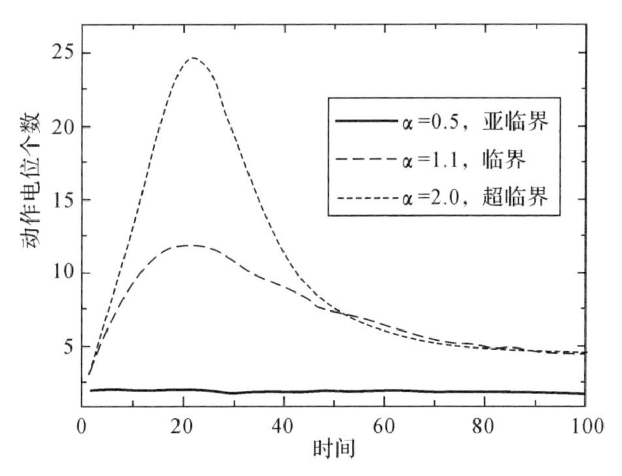

图3.12 随机网络对于持续刺激的适应性

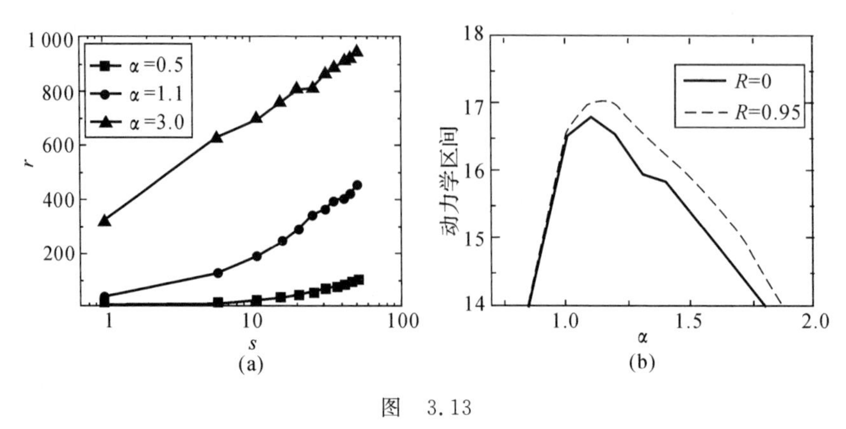

图 3.13

(a)随机网络上响应强度与刺激强度的关系；(b)动力学区间与突触强度的关系

在动态突触神经网络中，只考虑系统对瞬态刺激的响应。随机地选择 s 个神经元，激活它们。被激活神经元的数量 s 就被当作刺激的强度。一个刺激引起的雪崩尺寸被当做响应的强度，把它记为 r。图 3.13(a) 给出了响应强度与刺激强度之间的关系。模拟中使用了一个尺寸为 $N=2^{10}$ 的随机网络，每个数据点是 20 000 个雪崩的平均，这里把信号的强度限制在一个小的范围 $s\in[1,50]$。此时认为最低刺激信号强度是 $s_{\text{low}}=1$，最高刺激信号强度是 $s_{\text{high}}=50$，这个信号强度的量级满足 $s\ll N$。与它们对应的响应强度记为 r_{low} 和 r_{high}。神经网络的响应属性在两个方面与分支过程模型是不同的。① 对于弱的刺激信号，网络在超临界区间(过大的突触强度下)不表现出饱和。② 如果刺激信号太强，短期抑制可塑性导致网络的响应被那些递质耗尽的突触支配，信号不会在网络中传播和放大，响应线性地依赖于刺激信号的强度。亚临界和超临界的不同仅仅是输入输出的比值。因为这些不同之处，前面介绍的动力学区间的定义不能适用于动态突触神经元网络。

这里提出动力学区间的新定义。它的基本特性是反映网络的敏感性和区分信号的能力。网络放大信号的能力可以用比值 $r_{\text{low}}/s_{\text{low}}$ 来衡量，即它反映了网络对信号的敏感性。网络区分信号的能力可以用比值 $r_{\text{high}}/r_{\text{low}}$ 来衡量，它反映了刺激信号从最小变化到最大时，响应信号的变化程度。综合这两部分，动力学区间的定义为

$$\delta=10\lg\left(\frac{r_{\text{high}}}{r_{\text{low}}}\right)\lg\left(\frac{r_{\text{low}}}{s_{\text{low}}}\right) \tag{3.16}$$

它同时反映了网络能否放大刺激信号，和能够区分信号的范围大小。尽管这个定义的细节与前面介绍的动力学区间定义不同，但是它们反映的系统的特性是相同的。

使用这个动力学区间的定义，可以看到，在临界态下系统具有最大的动力学区

间。模拟结果在图 3.13(b) 中。当把等级模块化网络与随机网络进行比较时，可以看到在更大的突触强度范围内，等级模块化网络具有大的动力学区间。因此等级模块化网络不仅提高了网络临界态的鲁棒性，而且也提升了网络响应刺激的能力，在更大的突触强度范围内带来了好的动力学区间。

3.8 网络尺寸的影响

在关于临界态的研究中，一个重要的问题是研究依赖于网络尺寸的标度性质。在具有全连接结构的动态突触网络中，网络尺寸的研究基于一个前提，即突触强度的恢复时间τ_J 正比于网络尺寸。在这个假设之下，全局耦合网络和随机网络可以在热力学极限下达到临界，只要突触强度大于 1，但是恢复时间与网络尺寸的正比关系并不符合生物实际。真实的生物系统动力学是，突触的恢复时间近似为一个常数[34,35]。它在模型中常常是被固定的[35]。这里考虑突触恢复时间是固定的，不依赖于网络尺寸。

使用这样的网络设置，对不同尺寸的动态突触神经网络开展模拟，模拟结果如图 3.14(a) 所示。这个模拟结果表明，在网络增大时，随机网络的临界点趋于 $\alpha=1.0$，临界区间的宽度收缩。临界区间宽度的收缩可以利用有效耦合强度 $u\langle J_{ij}\rangle$ 与突触强度 α 的非线性关系曲线进行理解。当网络尺寸增大，临界点被向左移动，临界点附近 $u\langle J_{ij}\rangle$ 曲线的斜率变大，于是突触强度 α 上面的临界区间减小。

研究等级模块化网络的标度关系是困难的，因为它有多个参数影响标度关系，比如网络的等级数、重连概率。所以，此处不进行标度关系的分析，而是给出一个模拟结果的例子。

通过计算机模拟比较一组等级模块化网络与相应的随机网络。这个比较在图 3.14(b) 中。这里等级模块化网络的最小的模块具有固定的尺寸。当网络尺寸变大的时候，增加网络的等级数，保持最小模块的尺寸。对于网络尺寸为 $N=512$，1 024，2 048 的情况，网络的等级数为 $l=2,3,4$。网络的重连概率被固定，在模拟中它的取值为 $R=0.9$。可以看到等级模块化网络的临界参数区间比随机网络更大。如果看两种网络的临界参数区间宽度的比值，这个结果更加明显，如图 3.14(c) 所示。但是等级模块化网络和随机网络的临界参数区间宽度都随着网络尺寸的增大而收缩。

前面已经讨论过，为了使模块网络整体上达到临界态，模块内部应当处于轻微的超临界态。所以，在更大的模块网络中，临界态有可能通过把模块调整到更加超临界的状态来实现。例如通过进一步增加模块内部的连接数量。实际上，从图 3.14(b) 可以看到，如果重连概率随着网络尺寸增大，临界参数区间宽度可以不随着网络尺寸的增大而减小。在这里对于三个不同的网络 $N=512$，1 024，2 048，重

连概率为 $R=0.90,0.92,0.94$。

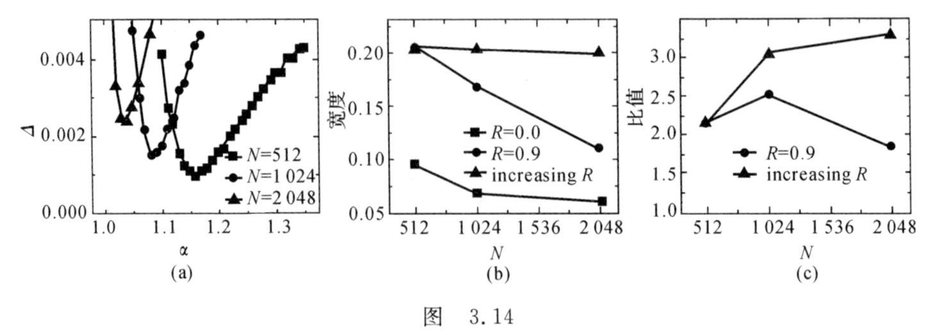

图 3.14

(a)雪崩尺寸分布的拟合偏差与突触强度的关系；(b)临界区间的宽度与网络尺寸的关系；

(对于尺寸为 $N=512,1\ 024,2\ 048$ 的网络，重连概率为 $R=0.90,0.92,0.94$)

(c)等级模块化网络的临界区间宽度与相同尺寸随机网络的临界区间宽度的比值

参考文献

[1] Bak P, Tang C, Wiesenfeld K. Self-organized criticality: An explanation of the 1/f noise[J]. Phys Rev Lett, 1987, 59:381.

[2] Christensen K, Moloney N R. Complexity and Criticality[M]. London: Imperial College Press, 2005.

[3] Maloney C E, Robbins M O. Anisotropic power law strain correlations in sheared amorphous 2D solids[J]. Phys Rev Lett, 2009, 102: 225502.

[4] Tsai S T, Wang L M, Huang P, et al. Acoustic emission from breaking a bamboo chopstick[J]. Phys Rev Lett, 2016, 116:035501.

[5] Uritsky V M, PaczuskiM, Davila J M, et al. Coexistence of self-organized criticality and intermittent turbulence in the solar corona[J]. Phys Rev Lett, 2007, 99:025001.

[6] Paczuski M, Boettcher S, Baiesi M. Interoccurrence times in the Bak-Tang-Wiesenfeldsandpile model: a comparison with the observed statistics of solar flares[J]. Phys Rev Lett, 2005, 95:181102.

[7] Baiesi M, Paczuski M, Stella A L. Intensity thresholds and the statistics of the temporal occurrence of solar flares[J]. Phys Rev Lett, 2006, 96:051103.

[8] Carreras B A, Newman D, Lynch V E, et al. A model realization of self-organized criticality for plasma confinement[J]. Phys Plasmas, 1996, 3:2903.

[9] Sattin F, Baiesi M. Self-organized-criticality model consistent with statistical properties of edge turbulence in a fusion plasma[J]. Phys Rev Lett, 2006, 96:105005.

[10] Bosbach J, Weiss S, Ahlers G. Plume fragmentation by bulk interactions in turbulent Rayleigh-Bénard convection [J]. Phys Rev Lett, 2012, 108:054501.

[11] Ritacco H, Kiefer F, Langevin D. Lifetime of bubble rafts: cooperativity and avalanches[J]. Phys Rev Lett, 2007, 98:244501.

[12] Patzelt F, Pawelzik K. Criticality of adaptive control dynamics[J]. Phys Rev Lett, 2011, 107:238103.

[13] Worrell G A, Cranstoun S D, Echauz J, et al. Evidence for self-organized criticality in human epileptic hippocampus [J]. Neuroreport, 2002, 13:2017.

[14] Beggs J M, Plenz D. Neuronal avalanches in neocortical circuits[J]. J Neurosci, 2003, 23:11167.

[15] Petermann T, Thiagarajan T C, Lebedev M A, et al. Spontaneous cortical activity in awake monkeys composed of neuronal avalanches[J]. Proc Nati-Acad Sci USA, 2009, 106:15921.

[16] Hahn G, Petermann T, Havenith M N, et al. Neuronal avalanches in spontaneous activity in vivo[J]. J Neurophysiol, 2010, 104:3312.

[17] Haldeman C, Beggs J M. Critical branching captures activity in living neural networks and maximizes the number of metastable states[J]. Phys Rev Lett, 2005, 94:058101.

[18] Kinouchi O, Copelli M. Optimal dynamical range of excitable networks at criticality[J]. Nat Phys, 2007, 2:348 - 351.

[19] Shew W L, Yang H, Petermann T, et al. Neuronal avalanches imply maximum dynamic range in cortical networks at criticality [J]. J Neurosci, 2009, 29:15595 - 15600.

[20] Levina A, Herrmann J M, Geisel T. Dynamical synapses causing self-organized criticality in neural networks[J]. Nat Phys, 2007, 3:857 - 860.

[21] Hilgetag C C, Burns G A, O'Neill M A, et al. Anatomical connectivity defines the organization of clusters of cortical areas in the macaque monkey and the cat[J]. Phil Trans R Soc B, 2000, 355:91 - 110.

[22] Hilgetag C C, Kaiser M. Clustered organization of cortical connectivity [J]. Neuroinformatics, 2004, 2:353 - 360.

[23] Sporns O, Chialvo D R, Kaiser M, et al. Organization, development and function of complex brain networks [J]. Trends Cogn Sci, 2004, 8:418 - 425.

[24] Mountcastle V B. The columnar organization of the neocortex[J]. Brain, 1997, 120:701 - 722.

[25] Wang S J, Zhou C. Hierarchical modular structure enhances the robustness of self-organized criticality in neural networks [J]. New J Phys, 2012, 14:023005.

[26] Markram H, Tsodyks M. Redistribution of synaptic efficacy between neocortical pyramidal neurons[J]. Nature, 1996, 382:807 - 810.

[27] Tsodyks M V, Markram H. The neural code between neocortical pyramidal neurons depends on neurotransmitter release probability[J]. Proc Natl - Acad Sci, 1997, 94:719 - 723.

[28] Jensen H J. Self-Organized Criticality: Emergent Complex Behavior in Physical and Biological Systems[M]. Cambridge: Cambridge University Press, 1998.

[29] Newman M E J, Girvan M. Finding and evaluating community structure in networks[J]. Phys Rev E, 2004, 69:026113.

[30] Zhou C, Zemanová L, Zamora G, et al. Hierarchical organization unveiled by functional connectivity in complex brain networks[J]. Phys Rev Lett, 2006, 97:238103.

[31] Zamora-López G, Zhou C, et al. Cortical hubs form a module for multisensory integration on top of the hierarchy of cortical networks[J]. Front Neuroinform, 2010, 4:1.

[32] Zhao M, Zhou C, Chen Y, et al. Complexity versus modularity and heterogeneity in oscillatory networks: combining segregation and integration in neural systems[J]. Phys Rev E, 2010, 82:046225.

[33] Larremore D B, Shew W L, et al. Predicting criticality and dynamic range in complex networks: effects of topology[J]. Phys Rev Lett, 2011, 106:058101.

[34] Bonachela J A, De Franciscis S, Torres J J, et al. Self-organization without conservation: are neuronal avalanches generically critical[J]. J Stat Mech, 2010:P02015.

[35] Carandini M, Heeger D J, Senn W. A synaptic explanation of suppression in visual cortex[J]. J Neurosci, 2002, 22:10053 - 10065.

第4章 神经网络的吸引子模型

本章介绍神经网络的吸引子动力学。首先介绍神经网络的 Hopfield 模型。它是一种类似于 Ising 模型的神经网络模型，曾经引起了统计力学领域研究者的注意，有很多理论研究。在此模型基础上本章介绍几项新的研究，包括如下方面：研究具有度关联属性的吸引子网络响应刺激的动力学；讨论度关联对响应的敏感性与鲁棒性的影响，揭示度关联属性导致的动力学的变化；然后，研究网络的稀疏本质在吸引子模型中如何影响不同网络计算性能的差异；最后讨论关联吸引子对于网络记忆稳定性的影响。

4.1 Ising 类型吸引子网络模型

Ising 类型吸引子网络模型是将统计物理模型应用到自上而下的神经动力学研究的一个范例。这个模型最早由 Hopfield 于 1982 年提出[1]。他将记忆看作修改那些决定吸引子的耦合强度的过程，将识别看做相空间中状态收敛到吸引子的过程。

模型的基本单元是具有一个阈值的自动机，它是神经元的一个简化描述。对于第 i 个单元，状态用 V_i 表示。当神经元发出一个动作电位脉冲时，自动机的状态是 1；当神经元处于静息状态时，自动机的状态是 0。自动机的输入表示神经元的突触连接。从神经元 j 到神经元 i 的连接，用这个连接的强度表示，记为 T_{ij}。整个系统的状态由 V_i 的取值组成的集合来表示。

神经元 i 的状态 V_i 的更新规则为

$$V_i(t+1)=\Theta(\sum_j T_{ij}V_j(t)-U_i) \tag{4.1}$$

式中，U_i 是神经元 i 的阈值；Θ 是阶跃函数。方程中的做和项表示对所有连接到 i 的突触做和，其中的输入信号简单地表示为 j 的状态与连接强度的乘积。当输入信号的强度超过阈值，下一时刻神经元 i 的状态为 1；否则为 0。在这个模型中使用随机顺序迭代模式，即在每一个时间间隔，随机选择的一个单元的状态被更新。这种迭代模式对应于这样一种观点：大脑中不存在一个内部时钟使得所有神经元同步地更新状态。这种迭代模式是 Monte－Carlo 迭代方式[2]。

为了分析地方便，在这个模型中常常使用一个变量变换。引入新的变量 s，假定

$$s_i = 2V_i - 1 \tag{4.2}$$

它的效果是让状态变量变得对称。当 $V_i=0$，则 $s_i=-1$；当 $V_i=1$，则 $s_i=1$。相应地，更新方程变成

$$s_i(t+1) = 2\Theta\left[\frac{1}{2}\sum_j T_{ij}s_j(t) - \left(U_i - \frac{1}{2}\sum_j T_{ij}\right)\right] - 1 \tag{4.3}$$

将阈值变换成

$$H_i = 2U_i - \sum_j T_{ij} \tag{4.4}$$

并且使用符号函数表示上述方程，得到新的更新方程如下：

$$s_i(t+1) = \mathrm{sign}\left(\sum_j T_{ij}s_j(t) - H_i\right) \tag{4.5}$$

经常采用的阈值是 $H_i=0$。

模仿磁系统的能量函数[3]，这里的 Hopfield 模型的能量函数可以定义为

$$E = -\frac{1}{2}\sum_i\sum_j T_{ij}s_is_j \tag{4.6}$$

如果连接是对称的，即 $T_{ij}=T_{ji}$，那么可以证明能量函数随着迭代单调地变化。当一个单元 $i=k$ 的状态被更新的时候，能量函数的变化量为

$$\Delta E = -\frac{1}{2}(s'_k - s_k)\sum_j T_{kj}s_j - \frac{1}{2}(s'_k - s_k)\sum_j T_{jk}s_j \tag{4.7}$$

其中，s'_k 是单元 k 更新后的状态。当 $s'_k=s_k$，则 $\Delta E=0$。当 $s'_k=-s_k$，则

$$\Delta E = \sum_j T_{kj}s_js_k + \sum_j T_{jk}s_js_k \tag{4.8}$$

根据更新规则，s_k 改变符号的条件是，$\sum_j T_{kj}s_js_k<0$。所以，方程右边第一项小于 0。又因为连接是对称的 $T_{kj}=T_{jk}$，所以第二项等于第一项，也小于 0。所以，在每一次迭代中，能量函数保持不变或者减小。经过一段时间的迭代以后，系统将到达最低能量状态，在那里每个单元的状态都不再随着更新而变化。于是，最终的状态就是迭代的一个不动点，也就是这个系统状态的一个吸引子。不动点不是唯一的，到达哪个不动点由初始状态决定。相应的能量最低点往往是相对最低。

在文献中，同步更新规则也被使用。同步更新规则将带来一些不同于随机顺序更新的动力学。一个明显的差别是同步更新规则系统中，上述能量函数单调性的分析不适用。同步更新系统中，系统状态可以进入极限环状态。

在 Hopfield 模型中采用了一种被称为 Hebb 规则的方法将一组给定的系统状态设定为吸引子。Hebb 在他的书《The Organization of Behavior》中建议在细胞水平上学习一个认知任务牵涉到修改神经元之间耦合的强度[4]。根据 Hebb 规则，在 Hopfield 网络中连接强度满足

$$T_{ij}=\sum_{s=1}^{m}s_i^s s_j^s \tag{4.9}$$

这个方法将随机的选择 m 个系统状态 $\{s_i^s\}$，$s=1,\cdots,m$ 设定作为网络的吸引子。

这个模型被用于学习尤其是记忆和识别的自上而下的研究。在动力学的观点上它给出了一个基于内容的相空间寻址记忆。

Hopfield 把这个模型的动力学过程看作神经计算。它的计算性能表现在两个方面。一方面是吸引子的稳定性，即一个处在吸引子上的系统在没有扰动的情况下它的状态的稳定性。另一方面是对于斑图的识别能力，即从与一个吸引子部分相同的状态出发系统是否能够正确地收敛到这个吸引子。

这个模型吸引了很多物理学者的研究，因为它本质上来源于 Ising 模型，与自旋玻璃模型[5,6]相似。另一方面它吸引了大量的工程研究的注意，现在是人工神经网络的一个重要研究内容。

4.2 吸引子网络模型中的拓扑结构因素

在 Hopfield 模型带来的研究领域中，有两个方面的问题。一个是发现更好的构造连接强度的方法，以便提高网络的储存能力[7-10]。另一个一直受到关注的方面是网络结构对网络计算能力和效率的影响[11-13]。在过去十年中更多更复杂的网络结构已被发现和研究。在这个过程中，定义在复杂网络上的 Hopfield 模型也受到了关注，迅速地被那些热切地寻找复杂网络在动力学系统中的影响的复杂系统研究者所研究。因为这个模型中单元的动力学由局域情况——近邻的状态决定，所以网络结构的影响中最突出的因素是度分布，它决定了单元的近邻的多少，而更加细致的拓扑属性往往影响不大。例如，在社会网络和信息网络中十分重要的小世界属性在 Hopfield 模型中对于计算性能的影响却很小，因为信息的多步传递在这里的作用不大。在开始介绍关于网络结构影响 Hopfield 模型的动力学之前，先介绍几个其他的研究工作。

在无标度网络上的 Hopfield 模型中，斑图识别问题已经被研究过[14]。系统从一个与选定吸引子有部分差异的初态开始演化。在斑图识别问题中用吸引子表示系统中储存的斑图。具有部分偏差的系统初态模拟具有一定污损的斑图。在识别问题中 Hopfield 模型的任务是找出这个污损的斑图所对应的那个斑图。正确识别的情况下系统将演化到选定的吸引子。参考文献[14]比较了原始的全连接 Hopfield 模型和无标度网络上的 Hopfield 模型。在尺寸为 N 的全连接网络中，用 N^2 条边的连接强度保存斑图的信息。执行斑图识别需要的计算时间和储存量都随着 N^2 增大。而无标度网络中的模拟研究发现，在参数满足 $1\ll m\ll N$ 的条件下 Hopfield 网络能够实现斑图识别。所以，无标度网络能够节约计算时间和储存量，这个因子 $N/m \gg 1$。

为了寻找神经计算中理想的拓扑结构，几种基本的典型复杂网络上的Hopfield模型的计算性能被作了一个比较[15]。被比较的网络包括规则晶格、随机网络、小世界网络和无标度网络。对于吸引子稳定性和斑图识别来说规律是相同的：网络作为一个整体时，随机网络在这两个方面效率最高。当考虑网络中一部分单元上斑图的稳定性和斑图识别时，无标度网络中度大的一部分单元具有最突出的计算性能。

除了储存能力以外，斑图识别需要的时间也被研究过[16]。被研究的网络包括由WS小世界模型产生的规则网络、小世界网络、随机网络和真实的C. elegans神经网络。研究发现：①网络的随机性增强时，储存能力随之增强。②WS模型产生的网络其识别时间不依赖于网络结构，而C. elegans的神经网络的识别时间比它们更长。③尽管C. elegans的神经网络被认为是小世界网络，但是它的储存能力小于WS模型产生的网络。

Hopfield模型也被用于研究具有复杂网络结构的系统对于刺激的响应[17]。对于处在一个吸引子上的系统，通过翻转其中部分单元的状态来施加刺激。如果系统收敛到原来的吸引子则表示系统对于此刺激不做出响应，如果系统转变到另外的吸引子则表示系统通过改变状态对刺激做出响应。研究发现无标度网络能够使Hopfield系统具有自然界中真实系统的一种重要特性：对于特定刺激敏感，对于无关刺激鲁棒。无标度的Hopfield网络对于倾向于度大单元的刺激敏感，对于随机刺激鲁棒。而随机网络等不具有显著度差异的网络不能表现出这种敏感与鲁棒共存的动力学属性。

4.3 度关联属性对于吸引子网络动力学的影响

自然界中真实系统所具有的网络结构普遍具有度关联的拓扑属性，这一点在前面已经提到过。一些真实网络的度关联系数见表4.1。在度关联网络上研究逾渗[18]和传染病[19]发现度关联属性对于网络上的动力学具有显著的影响。本节研究度关联网络对刺激的响应。

表4.1 一些真实网络的实证研究数据：N 网络尺寸、r 网络的度关联系数

Network	N	r
Physics coauthorship	52 909	0.363
Biology coauthorship	1 520 251	0.127
Mathematics coauthorship	253 339	0.120

续表

Network	N	r
Film actor collaborations	449 913	0.208
Company directors	7 673	0.276
Internet	10 697	−0.189
World - WideWeb	269 504	−0.065
Protein interactions	2 115	−0.156
Neural network	307	−0.163
Marine food web	134	−0.247
Freshwater food web	92	−0.276

4.3.1 度关联网络模型

在这个工作中，使用重连方法[20]产生度关联网络。一般来说，度关联网络可以由一个无度关联的网络通过重新连接方法产生。从一个给定的网络开始，在每一步随机地从网络中选出两个边。把这两条边的四个端点按照度的大小排序。以概率 p 把这些边按照下面的方法重新连接：将两条旧边打断，一条新边连接两个度最小的点，另一条新边连接度大的两个端点。以概率$(1-p)$随机连接这些边。如果这些新边中的一条或两条在网络中已经存在，那么就放弃这一步操作，再重新选择其他的边。重复地执行这个重连步骤，就可以产生一个正匹配网络。为了得到反匹配的网路，使用如下的连接方法：度最大的节点连接度最小的单元，另外两个单元相连。值得注意的是，这个方法不改变给定网络的度分布。

这里引用对于一个尺寸 $N=200$，含有 400 条边的 BA 无标度网络进行重排得到的网络。图 4.1 显示的是网络的正匹配度关联逐渐增大的情况下，网络结构的变化。图中的点按照度等级增大的顺序从左向右排列，最左边的点度为 2，它们右边的点度为 3，最右边的点具有最大的度。图(a) 显示的是没有度关联的网络。边在网络中的分布比较均匀。随着关联性的增强，网络中的边逐渐收缩到局部，形成由相同度等级的点构成的团。

在这个工作中，使用一个 BA 无标度网络作为没有度关联的初始网络。网络的邻接矩阵用c_{ij}表示。为了便于和参考文献[17] 中的结果比较，网络参数的取值是尺寸 $N=1\ 000$，平均度$\langle k\rangle=20$。模拟中使用了同步更新方法。

在模拟中选择两个随机的系统态作为吸引子，吸引子记为$\{s_i^\alpha\}_{\alpha=1,2}$。网络中连接的耦合强度是 $J_{ij}=\sum_{\alpha=1}^{2} c_{ij}s_i^\alpha s_j^\alpha$。在这个研究中，用翻转一部分单元的状态来表示刺激。刺激的强度用翻转单元的数目来衡量。在这里衡量响应的敏感程度的量是吸引子的吸引域尺寸。随着增大刺激的强度，在系统状态能够离开一个吸引子以前，翻转单元的数目就是吸引域的尺寸。这里把吸引域尺寸记为 B。它与网络尺寸 N 的比值记为 $b \equiv B/N$。

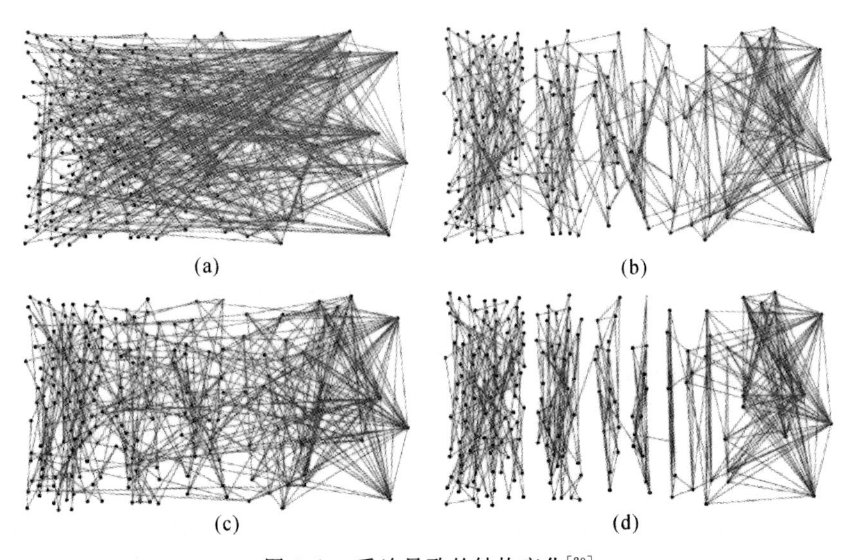

图 4.1　重连导致的结构变化[20]

这里考虑两种刺激方式。一种方式是随机刺激，对于处于吸引子状态的网络，随机从网络中选出一些单元改变它们的状态。随机刺激下的吸引域记为 b_r。另一种方式是定向刺激，即选择网络中度最大的一部分单元，改变它们的状态。定向刺激下的吸引域记为 b_m。

系统对于刺激的敏感性意味着，对于较小的刺激网络就可以转变状态做出响应。系统对于刺激的鲁棒性是指，在较大的刺激下网络仍可以保持初态的稳定不做出响应[27]。

4.3.2　度关联改变吸引域

首先计算随机刺激下 Hopfield 网络中的吸引域 b_r 和定向刺激下的吸引域 b_m，并研究它们随着网络度关联系数的改变如何变化。在图 3.2 中方块是定向刺激下的吸引域尺寸 b_m 与网络的度关联系数 r 的关系，圆表示的是随机刺激下的吸引域尺寸 b_r 与度关联系数的关系。在没有度关联的无标度网络中，已经得到 b_r 与 b_m 的关系为

$$b_m = b_r^{(\gamma-1)/(\gamma-2)} \tag{4.10}$$

为了与无度关联网络中的结果比较，在图 4.2 中也给出了使用方程(4.10) 预

言的结果。使用随机刺激的吸引域 b_r,根据方程(4.10)计算出一个定向刺激的吸引域尺寸 b'_m。b'_m 与度关联系数的关系用三角符号表示。受到使用的重排方法的限制,无法产生度关联很大的($|r|\to 1$)的网络。在模拟中,度关联系数的取值区间大约是从 -0.3 到 0.3。尽管这个区间比较小,但是它基本上覆盖了所有被研究过的真实复杂网络的度关联系数的取值范围,见表 4.1。于是,将研究的兴趣集中在这个区间里面。

在图 4.2 中可以看到无标度网络的度关联对吸引域的影响。每个数据点是 1 000 次模拟结果的平均值。可以看到在具有度关联的网络中,由随机刺激下的吸引域尺寸通过方程(4.10)预言的定向刺激吸引域尺寸 b'_m 明显地不符合模拟得到的结果 b_m。在没有度关联的无标度网络中得到的两种刺激下的吸引域之间的关系,不是普遍适用的。在正匹配 $r>0$ 的情况下,定向刺激的吸引域尺寸小于没有度关联的无标度网络中的情况,同时也小于度关联的无标度网络中根据随机刺激的吸引域计算出的预期值。这意味着正匹配无标度网络对于定向刺激更加敏感,并且敏感响应与鲁棒响应之间的区分更大。对于反匹配的情况,定向刺激下的吸引域尺寸与度关联系数的关系经历了一个非单调的变化。这个区间的敏感性变差。随机刺激下网络的吸引域尺寸 b_r 随着度关联系数 r 的增大以一个小的斜率单调地减小。当网络具有度关联属性时,无标度网络对于随机刺激的鲁棒性得到了保持。

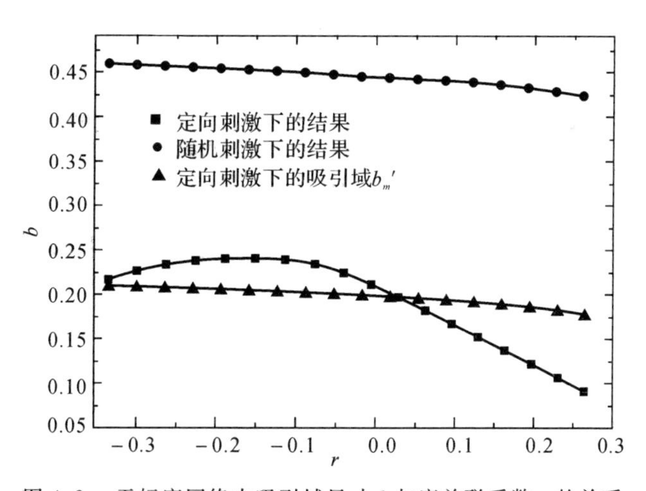

图 4.2　无标度网络中吸引域尺寸 b 与度关联系数 r 的关系

为了理解度关联属性的上述影响的机制,分析吸引子网络的动力学。假定一个吸引子网络中储存了 n 个斑图,在这里把它们称为功能态。把网络的耦合强度方程(4.9)代入状态更新方程(4.5)得到

$$s_i(t+1)=\operatorname{sign}\Big(\sum_{j=1}^{N}\sum_{\alpha=1}^{n} c_{ij}s_i^{\alpha}s_j^{\alpha}s_j(t)\Big)=\operatorname{sign}\Big(\sum_{\alpha=1}^{n}s_i^{\alpha}\sum_{j\in G_i}s_j^{\alpha}s_j(t)\Big) \tag{4.11}$$

其中,G_i 是单元 i 的近邻组成的集合。使用吸引子 $\{s_i^1\}$ 作为系统的初始状态。受到刺激以后的状态被表示为 $\{s_i^{\beta}\}$ 。于是,系统状态演化的第一步是

$$s_i(1)=\operatorname{sign}\Big(s_i^1\sum_{j\in G_i}s_j^1 s_j^{\beta}+\sum_{\alpha=2}^{n}s_i^{\alpha}\sum_{j\in G_i}s_j^{\alpha}s_j^{\beta}\Big). \tag{4.12}$$

因为系统中所有的吸引子都是随机选定的,所以吸引子 $\{s_i^{\alpha}\}\alpha=2,\cdots,n$ 与刺激态 $\{s_i^{\beta}\}$ 是没有关联的。于是方程(4.12) 右边括号中的第二项近似等于 0。这一项可以被看作噪声[1]。对于任意的一个单元,如果在它的近邻 G_i 中远少于一半的单元被刺激翻转了,那么 $s_i(1)=s_i^1$;如果在其近邻 G_i 中远多于一半的单元被翻转了,那么 $s_i(1)=-s_i^1$。一般来说,在集合 G_i 中翻转单元的比例随着刺激的增强而增大。因为噪声的影响,当 G_i 中翻转单元的比例接近但是少于 0.5 时,单元 i 会在状态 s_i^1 或 $-s_i^1$ 中随机地选择一个作为下一步的状态。

在度无关的网络中,无论对于随机刺激还是定向刺激,一个单元的近邻中翻转单元的比例都等于网络中链接到翻转单元的边占总边数的比例 f。这个属性决定了度无关系统对刺激做出响应的临界条件:网络中接近半数的边来自于受刺激的单元。通过数值模拟观察到在储存了两个吸引子的 BA 无标度网络中,随机刺激和定向刺激下,f 的临界值满足 $f_c=0.46$。当刺激足够大,满足了这个临界条件,度无关网络中所有的单元在噪声的帮助下都随机地选取它们的状态。然后,系统状态 $\{s_i(1)\}$ 变成随机态,并且随机地演化到一个吸引子。上述性质的分析揭示了度无关网络上的动力学,度无关网络作为一个整体对两种刺激做出响应。

图 4.3 所示是连接到受刺激单元的边的临界分数 f_c 的数值结果与重连无标度网络的度关联系数的关系。当网络是度关联时,随机刺激和定向刺激下的临界分数 f_c 的差别是显著的。这个结果说明上面提到的用于推导方程(4.10) 的假设不适用于度关联无标度网络。在图 4.3 中,可以注意到随机刺激下的临界分数 f_c 随着度关联系数轻微的变化。图中的每个数据点是 1 000 次模拟的平均值。在随机刺激下,对于度关联的无标度网络,任意单元的近邻中翻转单元的分数近似地等于网络中来自于翻转单元的边的分数 f。所以度关联无标度网络在随机刺激下的动力学具有和度无关网络相同的特征:吸引子系统作为一个整体对随机刺激做出响应。在定向刺激下,临界分数 f_c 随着度关联系数的变化说明了定向刺激下的吸引子网络的动力学受到度关联的强烈影响。

接下来,数值地研究吸引子系统在定向刺激下状态演化的动力学过程,揭示度关联影响吸引域的机制。给一个度无关的网络加一个尺寸为 235 个单元 的定向刺激。这个刺激大于图 4.2 中给出的度无关无标度网络的平均吸引域尺寸,它的值等于 215 个单元。在图 4.4 中系统状态演化的动力学过程通过系统中翻转单元

的数目N_f来表示。在演化的第一步，翻转单元数目是$N_f = 488$，它接近网络尺寸的一半。接下来，系统演化到另一个储存在网络中的吸引子，如图 4.4 中的小图所示。图的纵坐标是网络状态 $s_i(t)$ 与另一个吸引子 s_i^2 相同的单元数。这个演化说明，像上面分析的一样，度无关的无标度网络作为一个整体响应定向刺激。

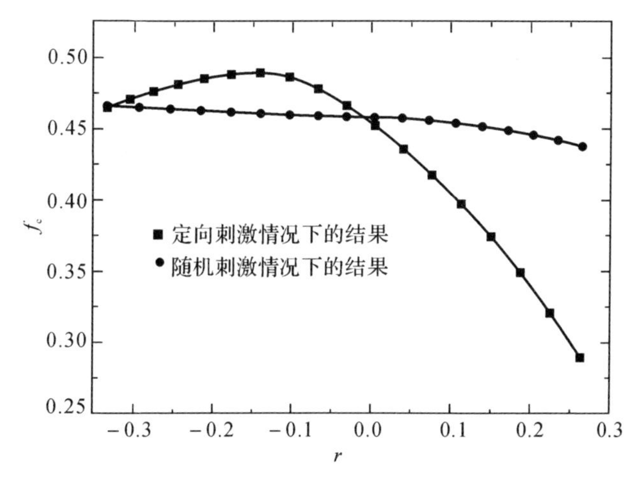

图 4.3　连接到翻转单元的边的分数临界值与度关联系数的关系

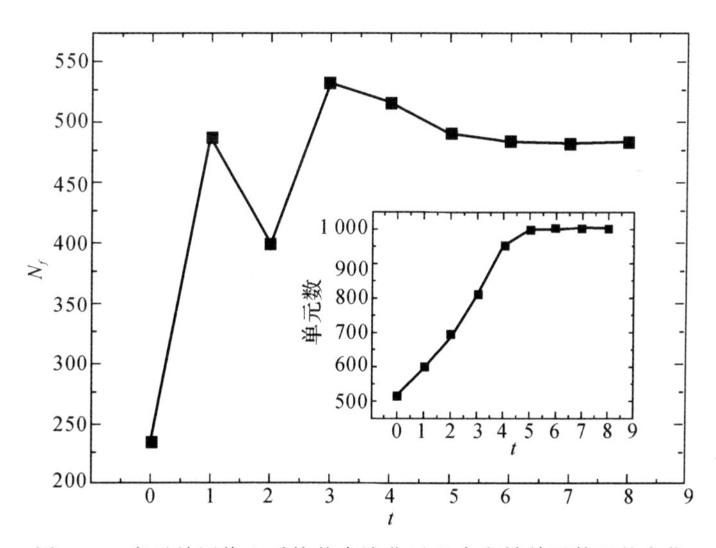

图 4.4　度无关网络上系统状态演化过程中翻转单元数目的变化

（内部小图：状态 $s_i(t)$ 与另一个吸引子 s_i^2 相同的单元数随着时间的变化）

对于正匹配网络，给系统一个尺寸为 170 的定向刺激。尽管这个刺激尺寸小于度无关的平均吸引子尺寸，但是这个系统对刺激做出了响应。从图 4.5 中可以看到系统的状态转变到了另一个吸引子。注意到演化过程中翻转单元的数目逐渐的增大。不同于度无关无标度网络，这个演化说明正匹配无标度网络不是作为一个整体做出响应。在正匹配无标度网络中，一组具有较大度的单元优先连接到具有最大度的单元，也就是受刺激单元。于是它们比较容易达到改变它们状态的条件。所以，翻转单元的集合可以通过正匹配关联被扩展。正匹配无标度网络以一个度等级的级联(cascade)[21] 的方式演化：翻转从高的度等级传播到低的度等级。于是正匹配网络上的吸引域减小了，系统变得对于定向刺激更加敏感。

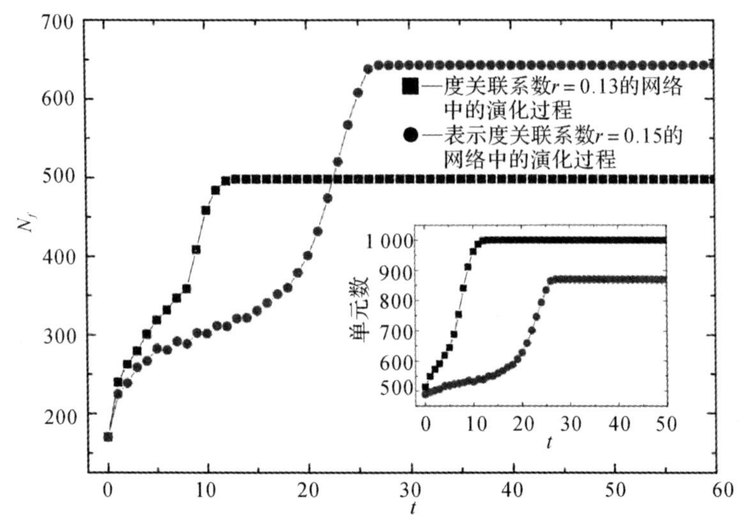

图 4.5　两个正匹配吸引子网络系统中的翻转单元数目的演化

(内部小图是状态 $s_i(t)$ 与另一个吸引子 s_i^2 相同的单元数目)

随着度关联系数的增大，正匹配网络的成团系数也在重连的作用下增大，如图 4.1 所示。成团属性也能够影响正匹配无标度网络的动力学。在图 4.5 中给出的数值模拟结果展示了两个不同类型动力学。对于第一种动力学(方块)，最终稳定的系统状态是使用 Hebbian 规则储存在系统中的吸引子，就像度无关网络中一样。小图中方块的曲线，说明了这一点。对于另一种动力学(圆)，系统的稳定状态不是被储存在系统中的吸引子。小图中下方的曲线说明了这一点。在这种系统中，受刺激单元之间形成了集团，在它们之间有高的连接密度，而它们与度小的集团之间的连接少。所以这些受刺激单元的状态保持在 $-s_i^1$ 上。一部分与这些翻转单元连接紧密的度小的单元也发生了翻转。但是一些远离度大的集团的单元保持着初始的状态，导致了系统的稳定态与吸引子的差别。对于模拟中使用的网络，存在一个临界值$r_c=0.32$。在r_c 以下，两种动力学都有可能发生。r 越大，第二种动力学出现的机会越大。在r_c 以上，系统仅通过第二种动力学对刺激做出响应。因为正匹配网络的成团属性，太大的正匹配性是不利于系统的响应的。在 $r\rightarrow 1$ 的极限下，网络分裂成一些独立的集团，每个集体由度相同的单元之间相互的连接构成。定向刺激不能导致这种系统改变它们的功能态，而只能改变少数几个集团中的单元的状态，其他集团将保持初始状态。

对于度关联系数 $r=-0.16$ 的反匹配网络上的系统，它具有最低的敏感性。随机地选出一个的重连的无标度网络，给它施加一个定向刺激。图 4.6 中是模拟的结果，给这个反匹配网络施加了一个尺寸为 245 个单元的刺激。它略大于度无关无标度网络的平均吸引域。从图 4.6 中可以看到这个系统的动力学演化过程。尽管超过一半的单元在第一步翻转了它们的状态，但是系统的状态被吸引到了初始的功能态。在反匹配网络中，度大的单元优先连接度小的单元。在定向刺激下，在中等度的单元的近邻中受刺激单元的份数小于网络中连接到受刺激节点的边的份数。于是相对于度无关系统，需要刺激更多的单元来导致系统进入随机态。所以反匹配系统的吸引域得到了扩大。

对于具有更大的反匹配关联性的系统，系统状态不能到达第二个被记忆的功能态。图 4.6 中的小图给出了一个度关联系数 $r=-0.30$ 的系统的动力学演化过程。刺激导致了这个系统进入稳定的振荡态，它起因于度大的和度小的单元之间的相互作用。具有强的反匹配关联性的系统更易于用振荡态对定向刺激做出响应。这个结构属性导致了图 4.2 中发现的敏感性的非单调行为。这里值得注意的一点是，太大的反匹配度关联也破坏系统用吸引子响应定向刺激的能力，这和正匹配一样。

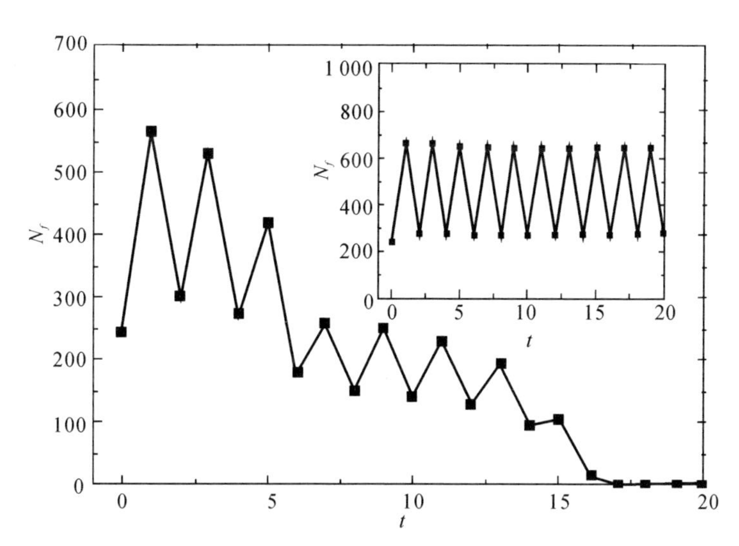

图 4.6　反匹配网络中系统状态收敛时翻转单元数目随着时间的变化

（度关联系数是 $r=-0.16$）

小图：度关联系数 $r=-0.30$

对这个研究总结如下:研究了度关联属性对于无标度网络响应刺激的动力学的影响。度关联的无标度网络保持了对于随机刺激的鲁棒性。在感兴趣的度关联系数的范围内,正匹配无标度网络对于定向刺激比度无关网络更加敏感,而反匹配网络减弱了无标度网络的敏感性。发现了度关联产生影响的动力学机制。度无关的网络作为一个整体响应刺激,而度关联属性破坏了单元响应定向刺激的一致的临界条件。正匹配无标度网络通过一个由高的度等级到低的度等级的级联减少了对刺激尺寸的需要。反匹配度关联扩大了吸引域是因为中等度等级的单元与度大的单元作用更少,但是太大的正匹配和反匹配性破坏了无标度网络对刺激的响应,从而使得网络不能到达吸引子。因为许多真实的复杂网络同时具有无标度和度关联属性,所以这样一个对于动力学的直观描述可能对于理解真实网络的属性有所贡献。

4.4 复杂网络稀疏特征与功能差异

前面关注的是复杂网络拓扑结构对于网络上动力学的影响。本节换一个角度,讨论通过网络上动力学的功能性的差异来理解网络的稀疏性本质。将以吸引子网络模型作为例子来讨论这个问题[28]。

4.4.1 稀疏的复杂网络

前面已经提到,复杂系统的网络结构方面的研究经历了从全连接到稀疏,从简单到复杂的过程。现在被普遍研究和使用的模型都是稀疏的网络。这是因为自然中真实的网络往往具有稀疏的连接密度。在表 4.2 中可以看到真实网络的这种稀疏本质。

表 4.2　一些真实网络的平均度

network	N	$\langle k \rangle$	network	N	$\langle k \rangle$
AS2001	11 174	4.19	Routers	228 263	2.80
Gnutella	709	3.6	WWW	2×10^8	7.5
Protein	2 115	6.80	Metabolic	778	3.2
Math1999	57 516	5.00	Actors	225 226	61
e-mail	59 812	2.88			

在近年来的复杂网络研究中,复杂网络拓扑结构对于网络上动力学的影响已经吸引了大量的研究。在这种研究中,为了说明某种拓扑属性的影响,常常对不同网络上的动力学加以比较。4.2 节介绍的几个研究工作就是这种做法的例子。当

讨论不同网络上动力学的差异时，是否存在一个理想的连接密度使得差异性最大，就成为一个有助于理解网络的稀疏本质的问题。

在这一节中，将用 Hopfield 吸引子网络模型作为例子，讨论不同网络的计算性能的差异与网络的平均度之间的关系。在给定的平均度下，已经发现随机网络在储存斑图和识别斑图上的效率高于其他典型网络[15]。本节通过研究网络中斑图稳定性的差异随着网络平均度的变化，发现了一个具有最大稳定性差异的连接密度，然后使用信噪比方法解释差异与连接密度之间非单调关系的原因。

4.4.2 模型

这里使用 4.1 节中介绍的 Hopfield 吸引子模型。网络的尺寸被设定为 $N=1\,000$，网络中储存的斑图数目为 $n=20$。为了研究斑图的稳定性，网络被初始化到一个斑图状态上。网络在没有扰动的情况下开始演化。模拟中使用随机异步更新方法。在网络中储存较少斑图的情况下，网络在初始态就是稳定的。当网络中储存的斑图过多时，斑图之间的重复导致的相互影响，可能使网络中一些单元的状态出现错误。于是网络可能离开初始的斑图，进入一个不同于储存斑图的状态。这个状态可以是处于初始斑图的吸引域中的状态，它与斑图的差别较小。这时仍然可以区分各个斑图。这个相似程度可以衡量斑图的储存质量。为了量化这个计算性能，使用网络中翻转单元的数目 N_{flip} 和交叠序参量。交叠序参量的定义为

$$\varphi^{\alpha}=\frac{1}{N}\sum_{i=1}^{N} x_i s_i^{\alpha} \tag{4.13}$$

式中，$x_i=\pm 1$ 是网络输出中第 i 个单元的状态，即网络的动力学的稳定态。

在这个研究中，将比较随机网络和无标度网络上斑图的稳定性。ER模型被用来产生随机网络。为了保持网络连通，模拟中保持网络的平均度满足

$$\langle k\rangle > \ln N \tag{4.14}$$

无标度网络由 BA 模型产生。

4.4.3 最大功能差异

在模拟中测量 ER 随机网络和 BA 无标度网络中的不稳定单元数目以及交叠序参量。图 4.7 中的方块和圆是模拟得到的结果。每个数据点是 100 次模拟结果的平均值。可以看到随机网络中的不稳定性更小。对这两种网络上的模拟结果进行拟合，它们能较好地被指数衰减关系拟合。图 4.7 中的虚线是拟合曲线。在 BA 无标度网络中拟合曲线的方程为

$$y=a_1\exp\left(-\frac{x}{b_1}\right)+c_1 \tag{4.15}$$

式中，$a_1=319$，$b_1=38.9$，$c_1=1.1$。对于 ER 随机网络，拟合曲线为

$$y=a_2\exp\left(-\frac{x}{b_2}\right)+c_2 \tag{4.16}$$

式中，$a_2=330$，$b_2=31.9$，$c_1=-0.3$。使用这些拟合曲线去计算ER网络和BA网络上吸引子稳定性的差，这个差如图4.8所示。很明显，不稳定节点的数量差随着平均度的变化是一个非单调函数，而最大差异出现在稀疏的网络上。也就是说，在稀疏的网络上，随机网络相对于无标度网络在吸引子稳定性方面的优势达到最大化。

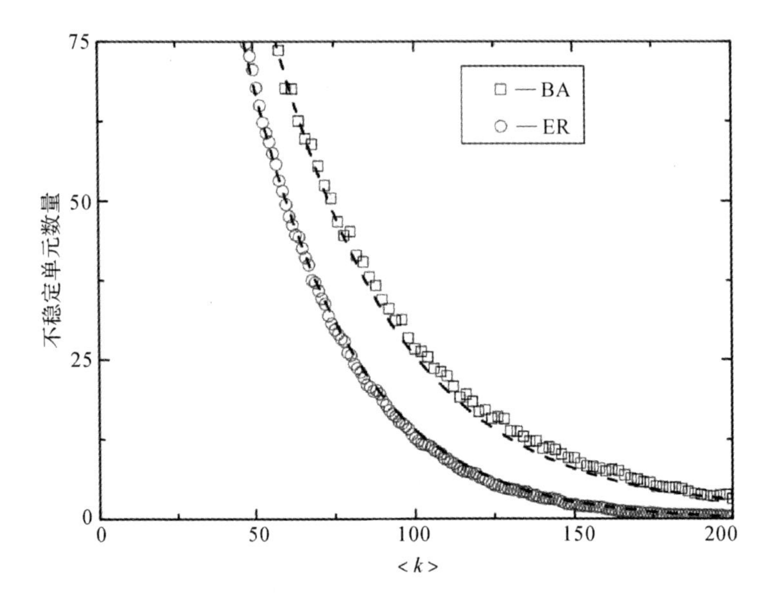

图4.7 不稳定单元数量与网络平均度的关系

（每个数据是100次模拟的平均。虚线是拟合结果）

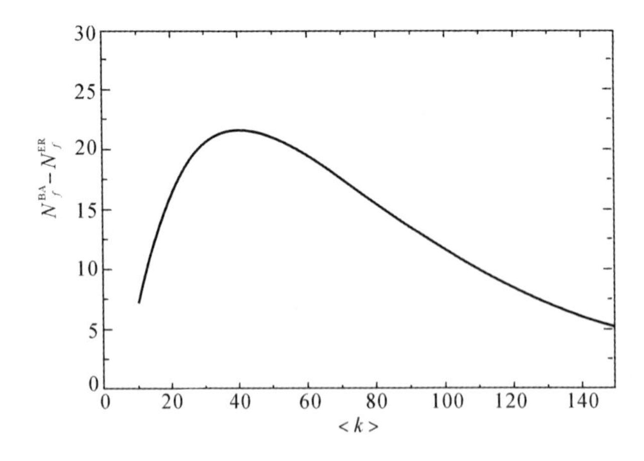

图4.8 在ER网络和BA网络上，不稳定单元数量的差

对于随机网络,无标度网络在部分记忆斑图方面具有优势。如果使用最大度节点编码记忆信息,那么无标度网络中的记忆斑图的稳定性高于随机网络中的记忆斑图稳定性。网络的连接密度也影响这种部分记忆斑图编码的情况。按照前面的方式产生网络并设置吸引子,网络收敛到它的稳定状态以后,关注最大度组成的子网络,找出其中相对于初始吸引子发生了反转的节点。同样地,把反转节点数量与网络平均度拟合到一个指数衰减曲线,并且计算 ER 网络和 BA 网络中反转节点的数量差。这个差与网络平均度的关系在图 4.9 中。图中的实线是使用 500 个最大节点编码的情况,虚线是使用 300 个最大节点编码的情况。在部分编码的情况下,BA 网络中的反转节点数更少。此时仍然得到无标度网络和随机网络上稳定性的最大差异出现在稀疏的网络上。

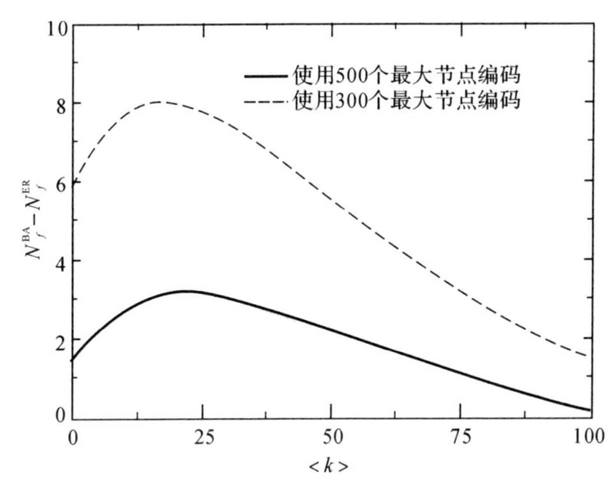

图 4.9 使用最大度节点编码的部分记忆斑图的稳定性之差

对于吸引子网络,可以使用解析分析的方法解释稳定性差异对于网络密度的依赖。这里采用的分析方法是信号噪声比方法。Hopfield 网络由 N 个节点组成,网络中记忆了 n 个斑图。以第 α 个斑图为例来分析稳定性。第 i 个节点的状态 s_i^α 稳定意味着它接受到的信号与它的状态是同号的,所以稳定的条件是如下不等式成立:

$$s_i^\alpha\left(\sum_{j=1}^{N} J_{ij} s_j^\alpha\right) > 0 \tag{4.17}$$

其中的耦合强度项 J_{ij} 是根据 Hebb 规则,使用记忆斑图设定的。把 Hebb 规则代入不等式得到

$$s_i^\alpha \sum_{j=1}^{N} \sum_{\alpha'=1}^{n} a_{ij} s_i^{\alpha'} s_j^{\alpha'} s_j^\alpha > 0 \tag{4.18}$$

通过拆分耦合权重,把不等式左边拆分成两部分,得到

$$\sum_{j=1}^{N} a_{ij} s_i^{\alpha} s_i^{\alpha'} s_j^{\alpha'} s_j^{\alpha} \big|_{\alpha'=\alpha} + \sum_{\substack{\alpha'=1 \\ \alpha'\neq\alpha}}^{n} \sum_{j=1}^{N} a_{ij} s_i^{\alpha} s_i^{\alpha'} s_j^{\alpha'} s_j^{\alpha} > 0 \tag{4.19}$$

第一项考虑了斑图 α 贡献的耦合权重，第二项考虑了其他斑图贡献的耦合权重。在第一项中 $s_i^{\alpha} s_i^{\alpha'}=1$，$s_j^{\alpha'} s_j^{\alpha}=1$。所以，对于节点 i，左边的第一项等于节点的连接度 k_i。这一项是大于 0 的，有利于不等式的成立。它被称为信号项。左边第二项的双重做和包含了 $q=k_i(n-1)$ 项。因为斑图是没有关联的随机选取的，所以每一项都随机地等于 $+1$ 或者 -1。作和的结果是平均值为 0，方差是总项数 q，因此这一项是一个噪声项。更精确地说，把噪声项记为 T_{noise}，它服从高斯分布

$$f(T_{\text{noise}}) = \frac{1}{\sqrt{2\pi}\sigma} e^{-(T_{\text{noise}}-\mu)^2/2\sigma^2} \tag{4.20}$$

它的平均值是 $\mu=0$，它的标准差是 $\sigma=\sqrt{q}$。如果噪声项的取值满足

$$T_{\text{noise}} < k_i \tag{4.21}$$

那么它不满足节点 i 稳定的不等式。利用这个噪声项的分布，可以计算出一个度为 k 的节点不稳定的概率

$$U(k) = \frac{1}{\sqrt{2\pi q}} \int_{-\infty}^{-k} e^{-y^2/2q} \mathrm{d}y \tag{4.22}$$

为了简单，用误差函数来表示这个不稳定概率

$$U(k) = \frac{1}{2}\left[1 - \operatorname{erf}\left(\sqrt{\frac{k}{2(n-1)}}\right)\right] \tag{4.23}$$

其中误差函数为

$$\operatorname{erf}(x) = \left(\frac{2}{\sqrt{\pi}}\right) \int_0^x e^{-y^2} \mathrm{d}y \tag{4.24}$$

对于给定的斑图数量 n，不稳定概率 $U(k)$ 是一个单调减函数。所以可以定性地理解无标度网络中的吸引子更加不稳定的机制。其原因是，无标度网络具有更多的小度节点，它们的不稳定概率更大，从而导致整个吸引子的稳定性更差。

网络中记忆斑图的稳定性可以用节点的不稳定概率 $U(k)$ 计算出来。对于已经收敛到稳定态的网络，重叠量可以写成

$$\varphi^{\alpha} = \frac{1}{N}(N - 2N_{\text{flip}}) \tag{4.25}$$

对于 ER 随机网络，反转节点的数量是

$$N_{\text{flip}} = \sum_k N P_{\text{ER}}(k) U(k) \tag{4.26}$$

把 ER 网络的度分布和不稳定概率代入得

$$N_{\text{flip}} = \sum_k N e^{-\langle k\rangle} \frac{\langle k\rangle^k}{k!} \frac{1}{2}\left(1 - \operatorname{erf}\left(\sqrt{\frac{k}{2(n-1)}}\right)\right) \tag{4.27}$$

于是重叠量是

$$\varphi^{\alpha}=1-\sum_{k}\mathrm{e}^{-\langle k\rangle}\frac{\langle k\rangle^{k}}{k!}\left(1-\mathrm{erf}\left[\sqrt{\frac{k}{2(n-1)}}\right)\right] \tag{4.28}$$

对于无标度网络，假定度分布在最小度上有一个尖锐的截断，度分布可以被归一化。形式如下：

$$P_{\mathrm{SF}}(k)=(\gamma-1)k_{\min}^{\gamma-1}k^{-\gamma} \tag{4.29}$$

无标度网络中的反转节点数为

$$N_{\mathrm{flip}}=\int_{k_{\min}}^{\infty}N(\gamma-1)k_{\min}^{\gamma-1}k^{-\gamma}\times\frac{1}{2}\left[1-\mathrm{erf}\left(\sqrt{\frac{k}{2(n-1)}}\right)\right]\mathrm{d}k \tag{4.30}$$

所以重叠量为

$$\varphi^{\alpha}=1-\int_{k_{\min}}^{\infty}(\gamma-1)k_{\min}^{\gamma-1}k^{-\gamma}\left[1-\mathrm{erf}\left(\sqrt{\frac{k}{2(n-1)}}\right)\right]\mathrm{d}k \tag{4.31}$$

当网络的尺寸 N 和记忆斑图数 n 被给定以后，两种网络上的重叠量都可以数值的计算出来。在图 4.10 中解析结果计算的重叠量和模拟网络的动力学得到的重叠量被画在一起。图中的方块表示模拟得到的结果，实线表示解析结果。当网络是稀疏的，尤其是无标度网络的小节点很多时，基于中心极限定理的信噪比分析仍然与模拟结果很好的一致。解析结果与模拟结果之间的微小偏离来自误差的级联，也就是反转节点可能导致节点的信号项减弱，从而引起额外的反转。总的来看，信号噪声比方法适合分析稀疏的复杂网络上的记忆斑图稳定性。

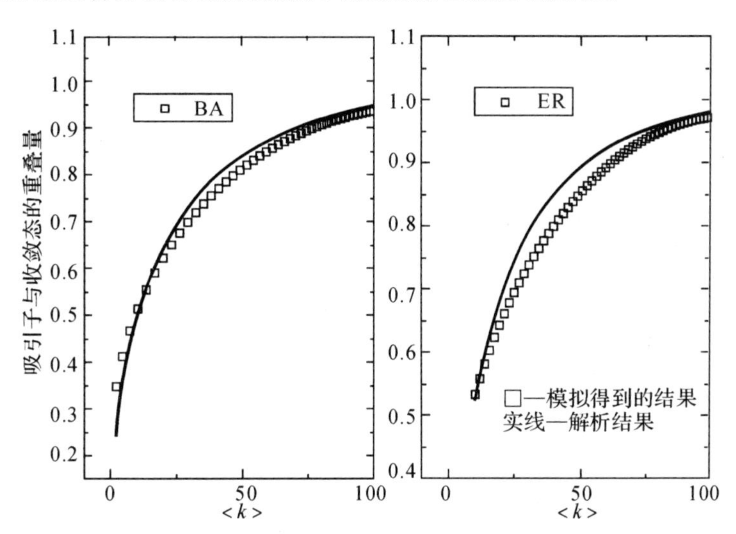

图 4.10　网络中吸引子与收敛态的重叠量对网络平均度的依赖关系

从不稳定概率和度分布曲线可以理解两种网络的稳定性差异。图 4.11 把不稳定概率曲线 $U(k)$ 和度分布曲线 $P_{\mathrm{SF}}(k)$，$P_{\mathrm{ER}}(k)$ 画到了一起。ER 随机网络的度分布曲线的最大值出现在网络的平均度$\langle k\rangle$处。无标度网络的度分布函数最大值出现在最小度$k=k_{\min}$处。根据归一化的BA网络度分布函数，*BA*网络的平均度可以表示为

$$\langle k\rangle = k_{\min}\frac{\gamma-1}{\gamma-2} \tag{4.32}$$

所以，随机网络和无标度网络上度分布峰值之间的距离为

$$\langle k\rangle - k_{\min} = \frac{\langle k\rangle}{\gamma-1} \tag{4.33}$$

对于BA网络，度分布指数是$\gamma=3$。所以峰值距离是$\langle k\rangle/2$。这个距离随着网络平均度的增大而增加。这个峰值距离的增加导致了无标度网络和随机网络上吸引子稳定性的相对差距增大。

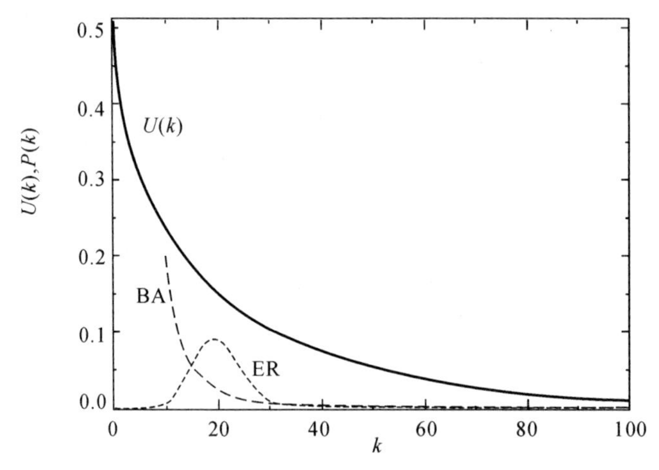

图4.11　节点的不稳定概率和网络的度分布曲线

为了测量稳定性的相对差距，可以计算重叠量的比值：

$$R = \frac{\int_{k_{\min}}^{\infty} U(k)\ P_{\mathrm{SF}}(k)\mathrm{d}k}{\sum_k U(k)\ P_{\mathrm{ER}}(k)} \tag{4.34}$$

这个值可以数值地计算出来。图4.12展示了这个比值与网络平均度的关系。可以看到相对误差随着网络平均度的增大而增加，这就是导致随机网络和无标度网络吸引子稳定性差距变大的因素。另一方面，节点不稳定概率$U(k)$随着节点的度值k减小。于是，当网络的平均度增加的时候，网络中所有节点的稳定性都增强了。这个因素导致了两种网络中吸引子稳定性差异的减小。这两种相互矛盾的因素的共同作用是网络稳定性差异非单调变化的机制。

理想的连接密度是相当稀疏的，这仍然是一个需要理解的问题。使用相对差异R，可以把反转节点数的差异表示成

$$N_f^{\mathrm{BA}} - N_f^{\mathrm{ER}} = R'(\langle k \rangle) N_f^{\mathrm{ER}}(\langle k \rangle) \tag{4.35}$$

其中$R' = R - 1$，图 4.12 中的 $R - \langle k \rangle$ 关系可以被拟合到一个指数函数

$$R = a_3 \exp(b_3 \langle k \rangle) + c_3 \tag{4.36}$$

其中 $a_3 = 0.64$，$b_3 = 0.011$，$c_3 = 0.34$。考虑到b_3 的值非常小，这个关系可以展开并保留低阶项，从而得

$$R' \approx a_3 b_3 \langle k \rangle \tag{4.37}$$

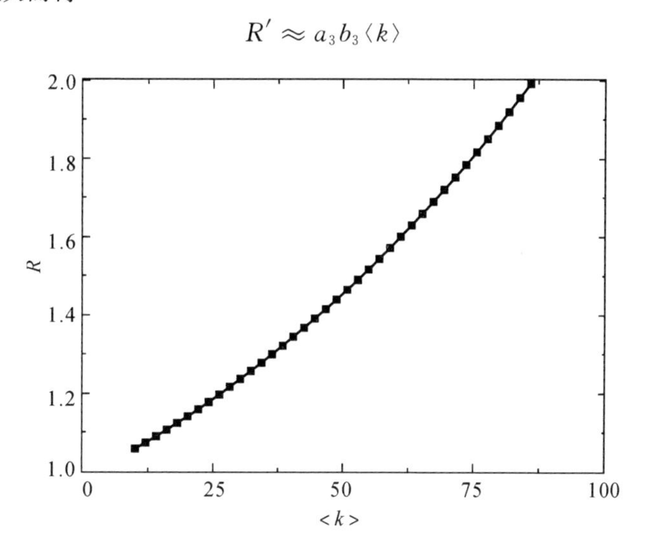

图 4.12 无标度网络和随机网络稳定性的相对差距

把反转节点数的差记为

$$\Delta = N_f^{\mathrm{BA}} - N_f^{\mathrm{ER}} \tag{4.38}$$

可以利用随机网络的反转数公式和R' 把它表示成

$$\Delta = (a_2 \mathrm{e}^{-\langle k \rangle / b_2} + c_2) a_3 b_3 \langle k \rangle \tag{4.39}$$

把它对平均度求导数得

$$\frac{\mathrm{d}\Delta}{\mathrm{d}\langle k \rangle} = a_3 b_3 \left[a_2 \mathrm{e}^{-\langle k \rangle / b_2} \left(1 - \frac{\langle k \rangle}{b_2} \right) + c_2 \right] \tag{4.40}$$

让方程的右边等于 0，求方程的根得到使差异最大的平均度

$$\langle k \rangle = b_2 + \frac{c_2 b_2}{a_2} \mathrm{e}^{\langle k \rangle / b_2} \tag{4.41}$$

因为系数$\frac{c_2 b_2}{a_2}$ 的值非常小，理想的平均度取决于参数 b_2。它是随机网络中反转节点数的特征衰减常数。它是一个相对小的量。

当网络中的度小的一部分节点被从记忆斑图中忽略的时候，BA 网络的度分布峰值在右侧，它相对更加稳定。这种情况下，相同的机制导致了反转节点数的差异是非单调变化的。

4.5 关联吸引子

通常学者们在研究传统 Hopfield 模型及其优化模型时，会认为一个样本只学习一次，样本都是没有关联的。根据这样的假设，每个样本都是随机生成的。然而人的记忆过程中存在与此假设不同的情况。例如在记忆过程中对于没有记住的知识需要重新学习，经过多次学习后才能够记住所有的样本，并且记忆完成后大脑对相近的样本也能区分开。这样的特征得到了理论研究的关注。参考文献[23]给 Hopfield 网络的输入斑图加上权值，用其权值与斑图输入网络的频率成正比。

另一种重要的情况是大脑往往需要处理和记忆相似的对象。有学者在认知实验中研究了真实大脑对存在相似性的事件的记忆能力，并指出事件之间的相似程度是影响记忆的[24]。比如，短时记忆过程中若两个单词读音相似，那么就会影响大脑对它们的识别能力[25]。如果人脸之间的相似程度比较高，则很难分辨它们。然而，观察两个相近的颜色却可以提高视觉记忆效果[26]。Hopfield 网络的记忆机制被认为就是吸引子的动力学行为，那么斑图之间的相似程度如何影响系统的记忆动力学行为呢？本节用随机网络上的 Hopfield 模型从动力学原理上对此进行研究。

4.5.1 重复斑图对其本身稳定性的影响

现在考虑只有两个记忆斑图之间存在关联，其他斑图仍都相互独立。假设网络的第一个斑图是$\{s_i^1\}$。它是随机取值为$+1$或-1的状态的集合。第二个斑图与第一个斑图是相关的。设置方法是，斑图 2 中节点 i 的状态与斑图 1 以概率 η 取相同的值($s_i^2=s_i^1$)，以概率 $1-\eta$ 取相反的状态($s_i^2=-s_i^1$)。把概率 η 称为斑图相似度($0.5\leqslant\eta\leqslant1.0$)。$\eta=1.0$ 代表两个斑图中所有节点状态都相同，$\eta=0.5$ 代表两个斑图相互独立，其中 50% 的节点状态是相同的，另外 50% 的节点状态是相反的。在传统的 Hopfield 模型中所有斑图两两之间的相似度 η 的值都为 0.5。

首先，讨论存储重复斑图的 Hopfield 网络。在这个网络中斑图 1 和斑图 2 是完全相同的。使网络演化的初始状态为第一个斑图$\{s_i^1\}$，那么稳定状态与斑图 1 的重叠量就可以代表重复斑图的稳定性。由上文可知，稳定状态与斑图 1 的重叠量可以表示为 φ_1。网络中除斑图 1 和斑图 2 以外，其他斑图都是相互独立的。因此可以选用任意一个斑图作为不相关斑图的代表，研究关联性对于其他斑图稳定性的影响。本节以斑图 3 为例，φ_3 代表稳定状态与斑图 3 的重叠量。

图 4.13 给出了网络稳定状态与吸引子之间的重叠量随着斑图数变化的曲线。在这幅图中，对存在重复斑图($\eta=1.0$)的网络和传统 Hopfield 网络中的斑图稳定性进行了比较。图 4.13 (a) 中，大部分数据点都满足 $\varphi_1(\eta=1.0)>\varphi_1(\eta=$

0.5)，所以在记忆重复斑图的网络中第一个斑图稳定性要强于传统 Hopfield 网络。换句话说，也就是重复斑图提升了第一个斑图的稳定性。由图中的实点数据可以看出在两个网络中，随着记忆斑图的增加，重叠量值逐渐减小，斑图 1 的稳定性逐渐降低并最终趋于一个常数，它的值约为 0.21。同时，网络的稳定状态与斑图 3 的重叠量(φ_3)值几乎一直为 0。因为网络的状态始终满足 $\varphi_1 > \varphi_3$，所以网络可以完成识别[25]。

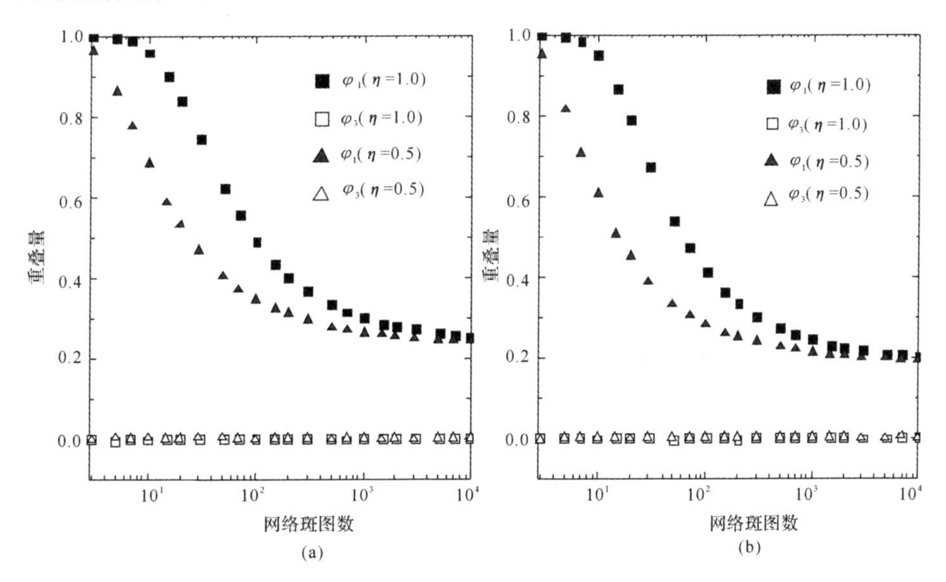

图 4.13 网络稳定状态与斑图间的重叠量

(a) 第一个斑图为网络的初始状态；(b) 初始网络中有 10% 的节点状态与斑图 1 相反

Hopfield 网络中吸引子的存在使得网络对于受污损的斑图具有识别能力。在模拟中让初始网络有 10% 的节点状态与斑图 1 $\{s_i^1\}$ 相反。图 4.13(b)给出了网络稳定状态的重叠量值。数据点都满足 $\varphi_1(\eta=1.0) > \varphi_1(\eta=0.5)$。所以斑图重复也提升了 Hopfield 网络的识别能力。

4.5.2 重复斑图对其他斑图稳定性的影响

在存储重复斑图的 Hopfield 网络，这些斑图的稳定性被增加的同时，其他斑图的稳定性也可能受到影响。了解这种影响也是有趣的问题。规定网络记忆的第二个斑图与第一个斑图的相似度为 η。选取斑图 3 作为其他所有独立斑图的代表。网络演化的初始状态与第三个斑图 $\{s_i^3\}$ 完全相同。稳定状态与斑图 3 的重叠量表示为 φ_3，稳定状态与斑图 1 的重叠量表示为 φ_1。

图 4.14 展示了存在重复斑图的网络($\eta=1.0$)中第三个斑图的稳定性与传统 Hopfield 网络($\eta=0.5$)的差异。由图 4.14(a) 可以看出第三个斑图的稳定性受到

重复斑图的影响，发生了下降$\varphi_3(\eta=1)<\varphi_3(\eta=0.5)$。但是在两种网络($\eta=1.0$和$\eta=0.5$)中的稳定性的差异较小。同样，图4.14(b)中网络的识别能力也几乎没有变化。

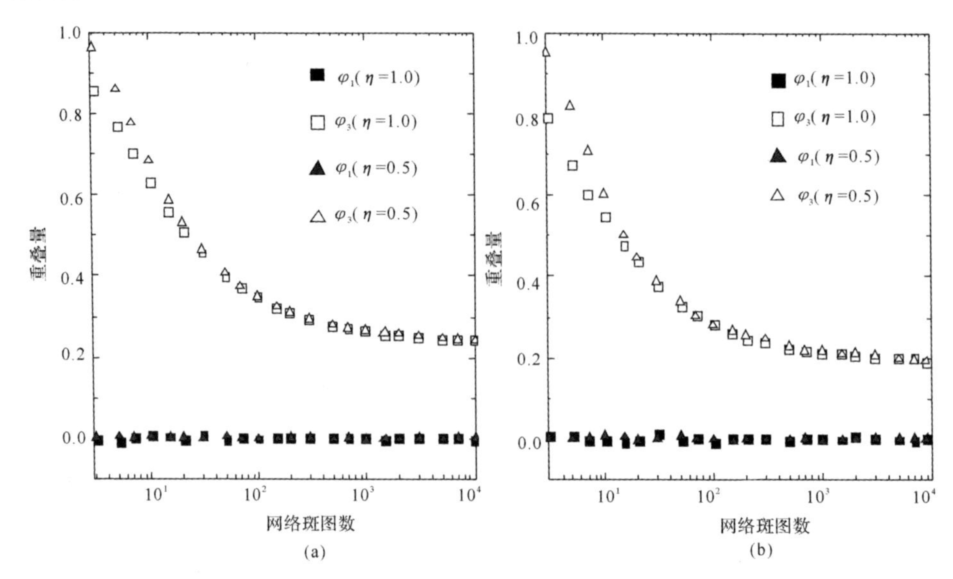

图 4.14 网络稳定状态与斑图间的重叠量

(a)第三个斑图为网络的初始状态；(b)初始网络中有10%的节点状态与斑图3相反

因此可以得出结论：斑图之间的相似性可以提升其本身的稳定性和识别能力，而对其他斑图的影响较小。让大脑记忆有关联的事件能增强其对关联事件的记忆能力。这里针对两个斑图相关其他斑图无关的模型进行的讨论，可以应用于存在多组相关斑图的情况。

4.5.3 使用平均场近似的分析

前面的模拟结果可以通过信噪比分析方法得到理解。前面已经给出过传统Hopfield网络中理论重叠量的计算方法，本节研究具有关联斑图的Hopfield网络。

1. 相似斑图的稳定性

当网络中存储两个相似斑图，即斑图1和斑图2，斑图1作为网络的初始状态。把表示节点状态稳定条件的不等式分解为信号项和噪声项。为了反映相似斑图的贡献，分解成四项：

$$T_{1s}+T_{2s}+T_{2n}+T_{n}>0。\tag{4.42}$$

其中下角标1或2代表该项来自斑图1或斑图2，下角标s和n分别代表信号项和噪声项。下面对这些项进行逐个分析。

节点 i 接收到斑图 1 的信号项为

$$T_{1s}=\sum_{j=1}^{N}a_{ij}s_is_i^1s_j^1s_j \tag{4.43}$$

由于初始状态为斑图 1,斑图 1 提供的信号项数值与节点 i 的度值相同

$$T_{1s}=k_i \tag{4.44}$$

斑图 2 对节点的贡献可以表示为 N 个 $a_{ij}s_is_i^2s_j^2s_j$ 之和。因为斑图 2 中一共有 ηN 个节点的状态与斑图 1 相同,那么 $s_is_i^2=1$ 的概率为

$$P(s_is_i^2=1)=\eta \tag{4.45}$$

$s_is_i^2=-1$ 的概率为

$$P(s_is_i^2=-1)=-1-\eta \tag{4.46}$$

因此,斑图 2 的贡献值为 -1 的概率:

$$P(s_is_i^2s_j^2s_j=-1)=P(s_is_i^2=1)P(s_js_j^2=-1)+P(s_is_i^2=-1)P(s_js_j^2=1)=2\eta(1-\eta) \tag{4.47}$$

为了使噪声项服从平均值为 0 的高斯分布,取出 $2\eta(1-\eta)$ 个 $s_is_i^2s_j^2s_j=-1$ 的项与 $2\eta(1-\eta)$ 个 $s_is_i^2s_j^2s_j=1$ 的项组合成噪声项。那么斑图 2 提供的信号项为

$$T_{2s}=[1-4\eta(1-\eta)]k_i \tag{4.48}$$

因此,节点接收的总的信号项为

$$T_s=T_{1s}+T_{2s}=[2-4\eta(1-\eta)]k_i \tag{4.49}$$

斑图 2 提供的噪声项 T_{2n} 为 $4\eta(1-\eta)k_i$ 个 $+1$ 和 -1 随机组合求和,其服从均值为 0 标准差为

$$\sigma_n=\sqrt{(n-1)k_i} \tag{4.50}$$

的高斯分布。除了斑图 2 提供噪声项以外,其他斑图提供的噪声项为

$$T'_n=\sum_{\alpha=3}^{n}\sum_{j=1}^{N}a_{ij}s_is_i^{\alpha}s_j^{\alpha}s_j \tag{4.51}$$

T'_n 服从标准差为

$$\sigma_n=\sqrt{(n-2)k_i} \tag{4.52}$$

的高斯分布。因此节点接收的总噪声

$$T_n=T_{2n}+T'_n \tag{4.53}$$

服从高斯分布。其均值为 0,标准差为

$$\sigma=\sqrt{4\eta(1-\eta)k_i+(n-2)k_i} \tag{4.54}$$

其概率密度为

$$P(T_n)=\frac{1}{\sqrt{2\pi}\sigma}e^{-(T_n)^2/2\sigma^2} \tag{4.55}$$

当网络的噪声项与信号项之和大于 0 时($T_n<-T_s$),节点 i 将从 s_i 跳转到 $-s_i$

状态。因此，度值为 k 的节点的不稳定概率的表达式：

$$U_1(k)=\frac{1}{\sqrt{2\pi}\sigma}\int_{-\infty}^{-[2-4\eta(1-\eta)]k}\mathrm{e}^{-y^2/2\sigma^2}\,\mathrm{d}y=\frac{1}{2}\left\{1-\operatorname{erf}\left[\frac{(2-4\eta+4\eta^2)k}{\sqrt{2}\sigma}\right]\right\} \tag{4.56}$$

其中误差函数为

$$\operatorname{erf}(x)=(2/\sqrt{\pi})\int_0^x\mathrm{e}^{-y^2}\,\mathrm{d}y \tag{4.57}$$

公式中的下角标 1 代表 $U_1(k)$ 为斑图 1 的不稳定概率。

为了更直观地说明关联斑图降低了斑图 1 的不稳定概率，图 4.15 给出了 $\eta=1.0$ 和 $\eta=0.5$ 两种网络噪声的高斯分布曲线。它们在图中分别用实线和虚线表示。在模拟中网络存储 10 个班图($n=10$)，以度值为 10($k=10$) 的节点为例绘制曲线。对于 $\eta=0.5$ 的网络，所有斑图都相互独立，其节点的不稳定概率 $U_1(k)$ 为区间($-\infty$，$-k$) 内高斯曲线下所围成的面积。对于 $\eta=1.0$，斑图 1 和斑图 2 完全相同，节点的不稳定概率 $U_1(k)$ 为区间($-\infty$，$-2k$) 内曲线下所围成的面积。很容易看出 $\eta=1.0$ 的不稳定概率小于 $\eta=0.5$ 的网络，斑图 1 的稳定性更强了。也就是说，关联斑图提升了其本身的稳定性。

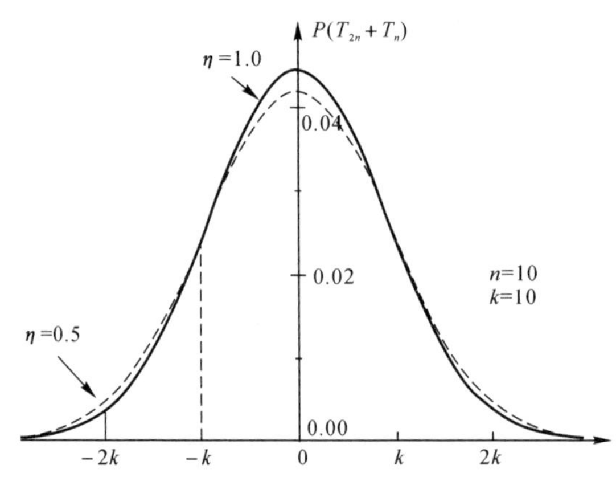

图 4.15　度值为 k 的节点的噪声项分布曲线

(实线和虚线分别代表 $\eta=1.0$ 和 $\eta=0.5$ 两种网络。图中网络存储 10 个斑图($n=10$)，以度值为 10($k=10$) 的节点为例)

为了得到能够衡量斑图稳定性的重叠量，利用不稳定概率计算网络中节点的翻转数

$$N_{1\text{flip}}=\sum_k NP(k)U_1(k)=\sum_k N\mathrm{e}^{-\langle k\rangle}\frac{\langle k\rangle^k}{k!}\frac{1}{2}\left\{1-\operatorname{erf}\left[\frac{(2-4\eta+4\eta^2)k}{\sqrt{2}\sigma}\right]\right\} \tag{4.58}$$

斑图 1 的重叠量值为

$$\varphi_1 = 1 - \sum_k \mathrm{e}^{-\langle k\rangle} \frac{\langle k\rangle}{k!}\left\{1 - \mathrm{erf}\left[\frac{(2-4\eta+4\eta^2)k}{\sqrt{2}\sigma}\right]\right\} \tag{4.59}$$

其中标准差为

$$\sigma = \sqrt{4\eta(1-\eta)k_i + (n-2)k_i} \tag{4.60}$$

如果给定网络存储的斑图数 n 和平均度 $\langle k\rangle$,可以根据方程上面的公式利用数值的方法计算出重叠量值。

2. 其他斑图的稳定性

关联斑图对于不相关斑图的影响也可以通过信号噪声比方法进行理解。选取斑图 3 为所有其他独立斑图的代表,并让斑图 3 作为网络演化的初始状态 $\{s_i^3\}$。

节点接收到斑图 3 的信号项为

$$T_{\mathrm{s}} = \sum_{j=1}^{N} a_{ij} s_i s_i^3 s_j^3 s_j = k_i \tag{4.61}$$

斑图 1 和斑图 2 的相似程度对这一信号值没有影响。下面分析分析节点接收到的噪声。来自斑图 1 的噪声项:

$$T_{1\mathrm{n}} = \sum_{j=1}^{N} a_{ij} s_i s_i^1 s_j^1 s_j \tag{4.62}$$

来自斑图 2 的噪声为

$$T_{2\mathrm{n}} = \sum_{j=1}^{N} a_{ij} s_i s_i^2 s_j^2 s_j \tag{4.63}$$

这两个噪声项是有联系的。根据斑图 1 和斑图 2 的相似度 η 可以知道节点 i 与节点 j 同时满足 $s_i^1 = s_i^2$ 和 $s_j^1 = s_j^2$ 的概率为 η^2,同时满足 $s_i^1 = -s_i^2$ 和 $s_j^1 = -s_j^2$ 的概率为 $(1-\eta)^2$。因此,两个节点能够满足 $s_i s_i^1 s_j^1 s_j = s_i s_i^2 s_j^2 s_j$ 的概率为 $\eta^2 + (1-\eta)^2$,满足 $s_i s_i^1 s_j^1 s_j = -s_i s_i^2 s_j^2 s_j$ 的概率为 $2\eta(1-\eta)$。由于 $s_i s_i^1 s_j^1 s_j = -s_i s_i^2 s_j^2 s_j$ 的项与一部分 $s_i s_i^1 s_j^1 s_j = s_i s_i^2 s_j^2 s_j$ 的项可以抵消,它们之和对噪声项没有贡献。最终,斑图 1 和斑图 2 提供的总噪声 $T_{1\mathrm{n}} + T_{2\mathrm{n}}$ 的值为 $[\eta^2 + (1-\eta)^2]k_i$ 个 $+2$ 和 -2 之和。其服从标准差为

$$\sigma_{1\mathrm{n}+2\mathrm{n}} = \sqrt{4[\eta^2 + (1-\eta)^2]k_i} \tag{4.64}$$

的高斯分布。

其他斑图提供的噪声项为

$$T'_{\mathrm{n}} = \sum_{\alpha=4}^{n} \sum_{j=1}^{N} a_{ij} s_i s_i^{\alpha} s_j^{\alpha} s_j \tag{4.65}$$

所以节点接收到的总噪声

$$T_{\mathrm{n}} = T_{1\mathrm{n}} + T_{2\mathrm{n}} + T'_{\mathrm{n}} \tag{4.66}$$

服从平均值为 0,标准差为

$$\sigma=\sqrt{4[\eta^2+(1-\eta)^2]k_i+(n-3)k_i} \tag{4.67}$$

的高斯分布。它的概率密度为

$$P(T_n)=\frac{1}{\sqrt{2\pi}\,\sigma}\mathrm{e}^{-(T_n)^2/2\sigma^2} \tag{4.68}$$

当节点接收的信号项和噪声项之和小于0时，节点 i 将由 s_i 状态翻转为 $-s_i$ 状态。因此，度值为 k 的节点的不稳定概率为

$$U_3(k)=\frac{1}{\sqrt{2\pi}\,\sigma}\int_{-\infty}^{-k}\mathrm{e}^{-y^2/2\sigma^2}\,\mathrm{d}y=\frac{1}{2}\left[1-\mathrm{erf}\left(\frac{k}{\sqrt{2}\,\sigma}\right)\right] \tag{4.69}$$

下角标 3 代表计算的是斑图 3 的不稳定概率。

图 4.16 给出了斑图 3 为初始状态时，网络中节点接收噪声的高斯分布曲线。图中的实线和虚线分别表示相似度 $\eta=1.0$ 和 $\eta=0.5$ 的情况。模拟中使用的网络存储了10个斑图($n=10$)，选取度为10($k=10$)的节点为例绘制曲线。对于 $\eta=1.0$ 和 $\eta=0.5$，节点的不稳定概率 $U_3(k)$ 都为区间($-\infty$, $-k$)内曲线下所围成的面积。很容易看出 $\eta=1.0$ 的不稳定概率与 $\eta=0.5$ 的网络相差很小，斑图 3 的稳定性几乎没有变化。也就是说，相似斑图对其他独立斑图的稳定性影响很弱。

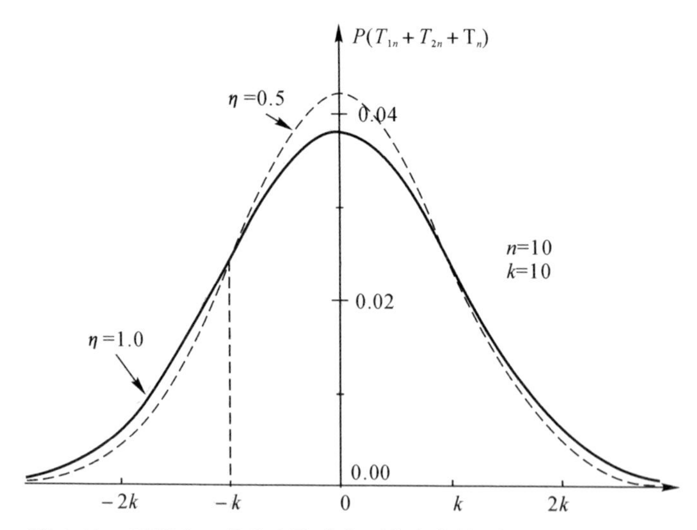

图 4.16　度值为 k 的节点的噪声项分布曲线，斑图 3 为初始状态（实线和虚线分别代表 $\eta=1.0$ 和 $\eta=0.5$ 两种网络。图中以网络存储 10 个斑图($n=10$)，度值为 10($k=10$) 的节点为例）

进一步的，利用不稳定概率计算网络节点的翻转数

$$N_{3\mathrm{flip}}=\sum_k NP(k)U_3(k)=\sum_k N\mathrm{e}^{-\langle k\rangle}\frac{\langle k\rangle^k}{k!}\frac{1}{2}\left[1-\mathrm{erf}\left(\frac{k}{\sqrt{2}\,\sigma}\right)\right] \tag{4.70}$$

可知斑图 3 的重叠量值为

$$\varphi_3 = 1 - \sum_k e^{-\langle k \rangle} \frac{\langle k \rangle}{k!} \left[1 - \mathrm{erf}\left(\frac{k}{\sqrt{2}\sigma} \right) \right] \tag{4.71}$$

其中标准差为

$$\sigma = \sqrt{4[\eta^2 + (1-\eta)^2]k_i + (n-3)k_i} \tag{4.72}$$

如果给定网络存储的斑图数 n 和平均度$\langle k \rangle$，可以根据等式(4.71) 计算出重叠量值。

3. 重叠量理论值与模拟值之间的差异

为了更好地理解相似度 η 值对斑图稳定性的影响，本节给出不同斑图数下重叠量理论值及模拟值随 η 值的变化趋势。我们数值模拟平均度为10的ER随机网络，让网络以任意一个关联斑图为初始状态进行演化，并计算稳定状态与初始斑图之间的重叠量。

图4.17画出了重叠量与相似度 η 的关系曲线。图中的数据点是500次模拟结果的平均值。可以看出斑图数较多时(n=15和n=20)，重叠量理论值(实线)和模拟值(点)都随 η 值的增大而增大。理论值与模拟值符合较好。所以理论分析为相似性的影响提供了解释。然而，在斑图数较少的网络中($n=3$ 和 $n=4$)，重叠量模拟值随斑图的增加非单调变化。也就是说记忆容量较少时，斑图的相似度 η 削弱了网络的稳定性。这个图给出了一个非常有趣的结果。关联性对于网络记忆稳定性的影响有两种可能性，而它们依赖于网络的记忆量。

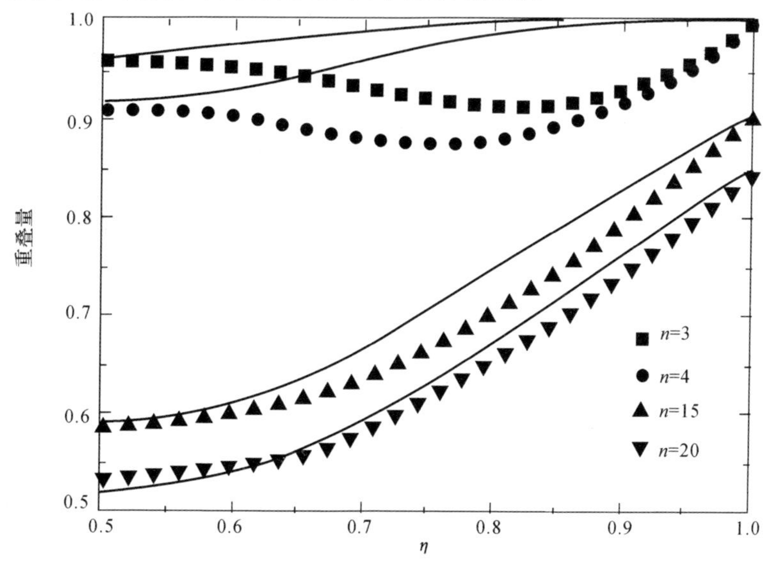

图4.17　对于不同的斑图数(n) 重叠量理论值(线) 与重叠量模拟值(点) 随 η 值的变化曲线
(图中数据为取500次模拟的平均值)

这一结果与之前的理论分析是相违背的。接下来通过进一步的理论分析解释这一现象，并对重叠量理论值进行修正。

4.5.4　存储少量斑图的稳定性

在前面的分析中考虑的来自斑图 2 的信号项为所有度值相同的稳定节点提供信号的平均效果。在少量斑图的情况下，放弃这个平均效果，采用更加细致的分析。实际上，$s_i^1=s_i^2$ 和 $s_i^1=-s_i^2$ 两种节点对信号的贡献是不同的。为了给出更严格的解释，必须将这两种节点分开讨论。为了简便称节点 $s_i^1=s_i^2$ 为类型 Ⅰ 节点，$s_i^1=-s_i^2$ 为类型 Ⅱ 节点，并分别讨论斑图 2 对两种节点接收信号的贡献。

对于节点 $s_i^1=s_i^2$（类型 Ⅰ）满足 $s_i^1s_i^2s_j^2s_j^1=+1$ 的概率为

$$P(s_i^1s_i^2s_j^2s_j^1=+1)=P(s_j^2s_j^1=+1)=\eta \tag{4.73}$$

其满足 $s_i^1s_i^2s_j^2s_j^1=-1$ 的概率为

$$P(s_i^1s_i^2s_j^2s_j^1=-1)=P(s_j^2s_j^1=-1)=1-\eta \tag{4.74}$$

取$(1-\eta)k_i$ 个 $s_i^1s_i^2s_j^2s_j^1=+1$ 项与$(1-\eta)k_i$ 个 $s_i^1s_i^2s_j^2s_j^1=-1$ 项组合成均值为 0 的噪声项。那么，斑图 2 提供给节点 $s_i^1=s_i^2$ 的信号项就为剩下的$(\eta-(1-\eta))k_i$项$+1$ 之和。因此，斑图 2 提供给节点 $s_i^1=s_i^2$ 的信号项为

$$T_{2s}^{+}=[\eta-(1-\eta)]k_i \tag{4.75}$$

其中上角标"+"代表为节点 $s_i^1=s_i^2$（类型 Ⅰ）。因为 η 满足 $0.5\leqslant\eta\leqslant1.0$，所以信号项 T_{2s}^{+}的值为正数。因此，η 值越大，信号项 T_{2s}^{+} 的值越大。类型 Ⅰ 节点接收的总信号项：

$$T_s^{+}=T_{1s}+T_{2s}^{+}=2\eta k_i \tag{4.76}$$

其也随 η 值的增大而增大。

对于节点 $s_i^1=-s_i^2$（类型 Ⅱ）满足 $s_i^1s_i^2s_j^2s_j^1=+1$ 的概率为

$$P(s_i^1s_i^2s_j^2s_j^1=+1)=P(s_j^2s_j^1=-1)=1-\eta \tag{4.77}$$

其满足 $s_i^1s_i^2s_j^2s_j^1=-1$ 的概率为

$$P(s_i^1s_i^2s_j^2s_j^1=-1)=P(s_j^2s_j^1=+1)=\eta \tag{4.78}$$

仍取$(1-\eta)k_i$ 个 $s_i^1s_i^2s_j^2s_j^1=+1$ 项与$(1-\eta)k_i$ 个 $s_i^1s_i^2s_j^2s_j^1=-1$ 项组合成均值为 0 的噪声项。那么，斑图 2 提供给节点 $s_i^1=s_i^2$ 的信号项就为剩下的$(\eta-(1-\eta))k_i$ 个-1 项之和。因此，斑图 2 提供给 $s_i^1=-s_i^2$ 节点的信号项为

$$T_{2s}^{-}=-[\eta-(1-\eta)]k_i \tag{4.79}$$

其中上角标"−"代表为节点 $s_i^1=-s_i^2$（类型 Ⅱ）。信号项 T_{2s}^{-} 的值为负值，η 值越大，信号项 T_{2s}^{-} 的值越小。类型 Ⅱ 节点接收的总信号项也减少。

$$T_s^{-}=T_{1s}+T_{2s}^{-}=2(1-\eta)k_i \tag{4.80}$$

斑图 2 提供给网络所有节点的总噪声为 T_{2n}，其为 $2(1-\eta)k_i$ 个$+1$ 和-1 项之和。

网络接收的总噪声为

$$T_{\rm n}^{few}=T_{2\rm n}+T'_n \tag{4.81}$$

其中

$$T'_n=\sum_{\alpha=3}^{n}\sum_{j=1}^{N}a_{ij}s_is_i^{\alpha}s_j^{\alpha}s_j \tag{4.82}$$

总噪声 $T_{\rm n}^{few}$ 服从均值为 0 的高斯分布,其概率密度为

$$P(T_{\rm n}^{few})=\frac{1}{\sqrt{2\pi}\,\sigma}\mathrm{e}^{-(T_{\rm n}^{few})^2/2(\sigma^{few})^2} \tag{4.83}$$

其中

$$\sigma^{few}=\sqrt{2(1-\eta)k_{\rm i}+(n-2)k_{\rm i}} \tag{4.84}$$

度值为 k 的 I 类节点的不稳定概率

$$U^+(k)=\frac{1}{\sqrt{2\pi}\,\sigma^{few}}\int_{-\infty}^{-2\eta k}\mathrm{e}^{-y^2/2(\sigma^{few})^2}\mathrm{d}y=\frac{1}{2}[1-\mathrm{erf}(x_1)] \tag{4.85}$$

其中自变量

$$x_1=\sqrt{2}\,\eta k/\sigma^{few} \tag{4.86}$$

如果网络只接收斑图 1 的信号,度值为 k 的 I 类节点的不稳定概率

$$U_{1s}(k)=\frac{1}{\sqrt{2\pi}\,\sigma^{few}}\int_{-\infty}^{-k}\mathrm{e}^{-y^2/2(\sigma^{few})^2}\mathrm{d}y=\frac{1}{2}[1-\mathrm{erf}(x_2)] \tag{4.87}$$

其中自变量为

$$x_2=k/\sqrt{2}\,\sigma^{few} \tag{4.88}$$

因此,斑图 2 造成度值为 k 的 $s_i^1=s_i^2$ 节点的不稳定概率的变化量为

$$\Delta U^+=U^+(k)-U_{1s}(k)=\frac{1}{2}[\mathrm{erf}(x_2)-\mathrm{erf}(x_1)] \tag{4.89}$$

ΔU^+ 为负值,记忆斑图 2 使得 I 类节点的不稳定概率降低,因此 I 类节点变得更稳定。

对于度值为 k 的 Ⅱ 类节点,它们的不稳定概率:

$$U^-(k)=\frac{1}{\sqrt{2\pi}\,\sigma^{few}}\int_{-\infty}^{-2(1-\eta)k}\mathrm{e}^{-y^2/2(\sigma^{few})^2}\mathrm{d}y=\frac{1}{2}[1-\mathrm{erf}(x_3)] \tag{4.90}$$

其中自变量

$$x_3=\sqrt{2}(1-\eta)k/\sigma^{few} \tag{4.91}$$

如果网络只接收斑图 1 的信号,度值为 k 的 Ⅱ 类节点的不稳定概率仍为

$$U_{1s}(k)=\frac{1}{\sqrt{2\pi}\,\sigma^{few}}\int_{-\infty}^{-k}\mathrm{e}^{-y^2/2(\sigma^{few})^2}\mathrm{d}y=\frac{1}{2}[1-\mathrm{erf}(x_2)] \tag{4.92}$$

因此,斑图 2 造成度值为 k 的 $s_i^1=-s_i^2$ 节点的不稳定概率的变化量为

$$\Delta U^-=U^-(k)-U_{1s}(k)=\frac{1}{2}[\mathrm{erf}(x_2)-\mathrm{erf}(x_3)] \tag{4.93}$$

ΔU^- 为正值,斑图 2 使得 Ⅱ 类节点的不稳定概率升高,关联斑图使 Ⅱ 类节点变得更不稳定。

图 4.18 中前两幅图为误差函数图像,自变量为 $x=x_1$ 时误差函数值 $\mathrm{erf}(x_1)\approx 1$,而 $x=x_3$ 的误差函数值明显小于 1。由图 4.18 (a) 可以看出网络存储的斑图数较少时(此图中斑图数为 $n=3$),误差函数的值 $\mathrm{erf}(x_2)$ 趋于饱和(几乎为 1)。那么类型 Ⅰ 节点的不稳定概率变化量的绝对值 $|\Delta U^+|$ 非常小。然而,类型 Ⅱ 节点的不稳定概率变化量的绝对值 $|\Delta U^-|$ 相对较大。网络记忆相似斑图之后,类型 Ⅰ 节点不能变得更稳定,而类型 Ⅱ 节点由于不稳定概率增加,其稳定性降低。图 4.18(c) 展示斑图数较少的网络($n=3$) 中度值为 $k=10$ 的节点的稳定性,考虑两种类型节点的总效应。$\eta\Delta U^+$,$(1-\eta)\Delta U^-$ 分别为类型 Ⅰ 节点、类型 Ⅱ 节点对网络稳定性变化的平均效果,$\eta\Delta U^+ + (1-\eta)\Delta U^-$ 代表斑图 2 对节点不稳定概率的总影响。随着 η 的增大,不稳定概率的平均效果非单调变化。因此,网络记忆关联斑图后,斑图的整体稳定性是降低的。

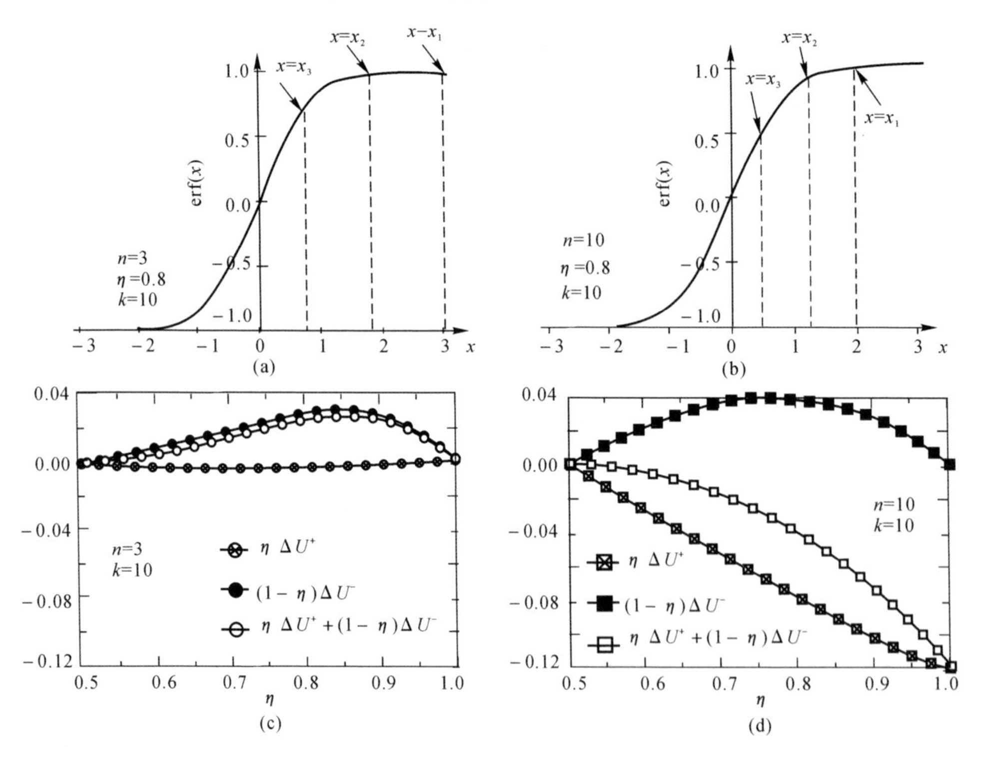

图 4.18 对度值为 $k=10$ 的节点进行分析

(a)(b)$\eta=0.8$ 时斑图数为 $n=3$ 和 $n=10$ 两种网络的误差函数值;

(c)(d) 斑图 2 对节点不稳定概率的影响

图 4.18(b) 中展示斑图数较多的网络($n=10$) 中度值为 $k=10$ 的节点的稳定性。自变量为 x_2 的误差函数的值 $\mathrm{erf}(x_2)$ 不再接近 1,网络记忆相似斑图之后,类型 Ⅰ 节点能变得更稳定,类型 Ⅱ 节点由于不稳定概率增加,其稳定性降低。图 4.18(d) 考虑两种类型节点的总效果。因为 $n=10$ 时 $\eta\Delta U^{+}$ 的值一直很大 随着 η 的增大 $\eta\Delta U^{+}+(1-\eta)\Delta U^{-}$ 的值逐渐减小。 因此,斑图较多的网络随着 η 的增大,斑图的整体稳定性逐渐降低。

下面给出衡量斑图稳定性参量的计算方法。类型 Ⅰ 节点的翻转数可以表示为

$$N_{\mathrm{flip}}^{+}=\sum_{k}\eta NP(k)U^{+}(k)=\frac{\eta N}{2}\sum_{k}\mathrm{e}^{-\langle k\rangle}\frac{\langle k\rangle^{k}}{k!}[1-\mathrm{erf}(x_1)] \tag{4.94}$$

类型Ⅱ节点的翻转数:

$$N_{\mathrm{flip}}^{-}=\sum_{k}(1-\eta)NP(k)U^{-}(k)=\frac{(1-\eta)N}{2}\sum_{k}\mathrm{e}^{-\langle k\rangle}\frac{\langle k\rangle^{k}}{k!}[1-\mathrm{erf}(x_3)] \tag{4.95}$$

最终重叠量值为

$$\varphi_{1}^{\mathrm{few}}=\frac{1}{N}(N-2N_{\mathrm{flip}}^{+}-2N_{\mathrm{flip}}^{-}) \tag{4.96}$$

这是修正后的重叠量计算公式。接下来运用此计算方法重新计算重叠量值。图 4.19 展示了平均度为 $\langle k\rangle=10$ 和 $\langle k\rangle=50$ 两种网络的重叠量与相似度 η 之间的关系。网络以斑图 1 为初始状态开始演化。斑图 1 和斑图 2 是关联斑图。图中实线为运用修正后的分析方法得到的重叠量理论值 $\varphi_{1}^{\mathrm{few}}$,其随 η 值非单调变化,此理论结果的变化趋势与数值模拟相一致。图中的数据点是模拟结果。每个数据点是 500 次模拟结果的平均值。

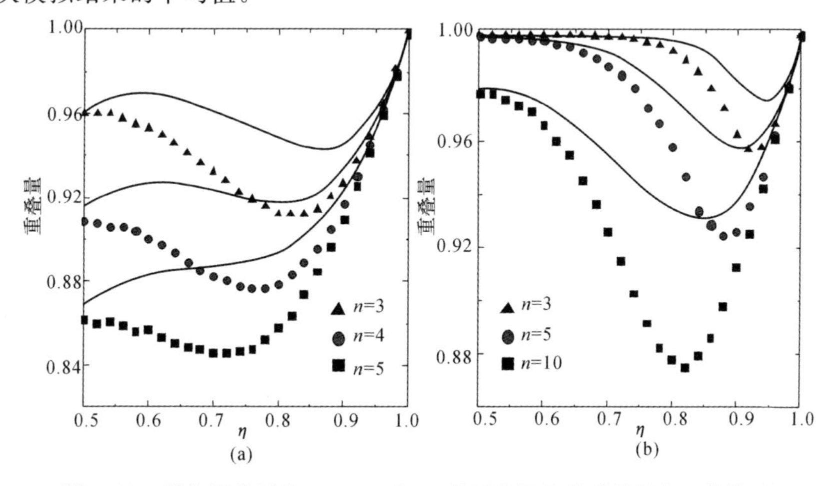

图 4.19 平均度分别为$\langle k\rangle=10$ 和 50 的两种网络的重叠量与 η 的关系

因此,关联斑图对类型Ⅰ和类型Ⅱ两种节点的作用效果是不同的。斑图之间的 η 值增强了类型Ⅰ节点的稳定性,减弱了类型Ⅱ节点的稳定性。在记忆较少斑图的网络中,类型Ⅰ节点的稳定性接近饱和,而斑图间的 η 值减弱类型Ⅱ节点的稳定性。此理论分析解释了关联斑图对斑图稳定性的影响。

参考文献

[1] Hopfield J J. Neural networks and physical systems with emergent collective computational abilities[J]. Proc Natl Acad Sci, 1982,79(8):2554-2558.

[2] Weisbuch G. Complex Systems Dynamics: An Introduction to Automata Networks[M]. Redwood City: Addison-Wesley, 1991.

[3] 汪志诚. 热力学统计物理[M]. 2 版. 北京:高等教育出版社, 1993.

[4] Hebb D O. The Organization of Behavior[M]. New York: Wiley,1949.

[5] Sherrington D, Kirkpatrick S. Solvable model of a spin-glass[J]. Phys Rev Lett, 1975,35(26):1792-1796.

[6] Fischer K H, Hertz J A. Spin Glasses[M]. Cambridge: Cambridge University Press,1991.

[7] KanterI, Sompolinsky H. Associative recall of memory without errors[J]. Phys Rev A, 1987,35(1):380-392.

[8] Amit D J, Gutfreund H, Sompolinsky H. Information storage in neural networks with low levels of activity[J]. Phys Rev A, 1987, 35(5):2293-2303.

[9] Braunstein A, ZecchinaR. Learning by message passing in networks of discrete synapses[J]. Phys Rev Lett, 2006,96(3):030201.

[10] Gutfreund H. Neural networks with hierarchically correlated patterns[J]. Phys Rev A, 1988,37(2):570-577.

[11] KreeR, Zippelius A. Continuous-time dynamics of asymmetrically diluted neural networks[J]. Phys Rev A,1987,36(9):4421-4427.

[12] Pineda F J. Generalization of back-propagation to recurrent neural networks[J]. Phys Rev Lett, 1987, 59(19):2229-2232.

[13] Kanter I. Asymmetric neural networks with multispin interactions[J]. Phys Rev A, 1988, 38(11):5972-5975.

[14] Stauffer D, Aharony A, L da Fontoura Costa, et al. Efficient hopfiled pattern recognition on a scale-free neural network[J]. The European PhysicalJournal B,2003,32(3):395-399.

[15] McGraw P N, Menzinger M. Topology and computational performance of attractor neural networks[J]. Phys Rev E,2003, 68(4):047102.

[16] Oshima H, Odagaki T. Storage capacity and retrieval time of small - world neural networks[J]. Phys Rev E, 2007, 76(3):036114.

[17] Bar-Yam Y, Epstein I R. Response of complex networks to stimuli[J]. Proc Natl Acad Sci, 2004, 101(13):4341 - 4345.

[18] Newman M E J. Assortative mixing in networks[J]. Phys Rev Lett, 2002, 89(20):208701.

[19] Boguná M, Pastor - Satorras R. Epidemic spreading in correlated complex networks[J]. Phys Rev E, 2002, 66(4):047104.

[20] Xulvi - Brunet R, Sokolov IM. Reshuffing scale - free networks: from random to assortative[J]. Phys RevE, 2004, 70(6):066102.

[21] Barthélemy M, Barrat A, Pastor Satorras R, et al. Velocity and hierarchical spread of epidemic outbreaks in scale - free networks[J]. Phys Rev Lett, 2004, 92(17):178701.

[22] Boccaletti S, LatoraV, Moreno Y, et al. Complex networks: structure and dynamics[J]. Physics Reports, 2006,424(4 - 5):175 - 308.

[23] Karandashev I, Kryzhanovsky B, Litinskii L. Weighted patterns as a tool for improving the Hopfield model[J]. Physicals Review E, 2012, 85: 041925.

[24] Jiang Y V, Lee H J, Asaad A, et al. Similarity effects in visual working memory[J]. Psychon Bull Rev, 2016, 23:476 - 482.

[25] Baddeley A D. The influence of acoustic and semantic similarity on long - term memory for word sequences[J]. Q J Exo Psychol,1966,18:302.

[26] Lin P H, Luck S J. The influence of similarity on visual working memory representations[J]. Vis Cogn, 2009,17: 356372.

[27] Wang S J, Wu A C, Wu Z X, et al. Response of degree - correlated scale - free networks to stimuli[J]. Phys Rev E,2007, 75: 046113.

[28] Wang S J, Huang Z G, Xu X J, et al. Sparse connection density underlies the maximal functional difference between random and scale - free networks[J]. Eur Phys J B,2013, 86:424.

[29] Wang S J, Yang Z. Effect of similarity between patterns in associative memory[J]. Phys Rev E, 2007, 95:012309.